Este libro está dedicado a mi querida esposa, Angelica Feldmann, quien me enseñó tanto sobre la humanidad, soportó cariñosamente mi ausencia mientras lo escribía, me dio una crítica tan necesaria y honesta, y siempre me apoyó. Sin ti, este libro no existiría.

TECHNOLOGY vs. HUMANITY
Título en castellano:
Tecnología *versus* Humanidad

Traducción al castellano (2018)
Claudia Castellanos Tamez
Venancio Ruiz González

Publicado por primera vez en el Reino Unido y en los Estados
Unidos de América por Fast Future Publishing Ltd 2016

Los derechos globales son propiedad de
The Futures Agency GmbH, Suiza
www.thefuturesagency.com

Para información, contactar a través de
books@thefuturesagency.com

Libro de tapa blanda ISBN 978-1717560636

Director de arte – Jean-François Cardella
Tipografía – Gabriele Ruttloff-Bauer

Portada del libro: www.angellondon.co.uk

The Futures Agency

TECNOLOGÍA
VERSUS
HUMANIDAD

**El futuro choque entre
hombre y máquina**

Gerd Leonhard

www.techvshuman.com

TECNOLOGÍA

versus

HUMANIDAD

El futuro choque entre
hombre y máquina

Gerd Leonhard

www.techvshuman.com

Índice

Introducción

¿Cómo podrá prevalecer lo humano frente al cambio
tecnológico exponencial y global?

Nuestro mundo está entrando en un periodo de cambio verdaderamente transformador, donde muchos de nosotros nos asombraremos ante la magnitud y el ritmo de desarrollos que simplemente no habíamos anticipado. Estos avances tecnológicos exponenciales ofrecen un tremendo potencial y grandes oportunidades que, a su vez, vienen acompañados de nuevas y enormes responsabilidades.

El mayor reto de la humanidad

Considero que la magnitud de los cambios suscitados por acontecimientos recientes e imprevistos como el Brexit (la decisión del Reino Unido de abandonar la Unión Europea tras un referéndum en junio de 2016) será minúscula en comparación con el impacto generado por la avalancha de cambios tecnológicos que podría reestructurar tanto la propia esencia de la humanidad como cada aspecto de la vida en nuestro planeta.

En épocas pasadas, cada cambio radical de la sociedad humana había sido impulsado principalmente por un elemento clave que lo posibilitaba —desde la madera, la piedra, el bronce y el hierro, hasta el vapor, la electricidad, la automatización en las fábricas y el Internet—. Sin embargo, hoy en día puedo ver cómo confluyen toda una serie de mega-cambios (*megashifts*) posibles gracias a la ciencia y a la tecnología, al grado de que rediseñarán no sólo el comercio, la cultura y la sociedad, sino también nuestra biología y nuestra ética.

Un manifiesto para fomentar la prosperidad humana

Permítanme ser claro: *Tecnología versus humanidad* no constituye la celebración de una revolución tecnológica que avanza rápidamente, ni tampoco un lamento por el ocaso de la civilización. Si ustedes, como yo, son aficionados al cine, entonces muy probablemente ya estarán hartos de las visiones utópicas y advertencias distópicas de Hollywood. ¡El futuro no puede construirse sobre un optimismo ciego ni tampoco sobre un miedo paralizante!

Mi objetivo a través de este libro es el de amplificar y acelerar el debate en torno a cómo podríamos asegurarnos de estar guiando, encauzando y controlando los desarrollos científicos y tecnológicos hacia la consecución de su principal propósito, que no es otro sino servir a la humanidad y fomentar su prosperidad.

Mi anhelo es dirigir la discusión más allá de los ámbitos dominados por tecnólogos exuberantes, investigadores serios y analistas reflexivos, para poder expresar una serie de inquietudes que todavía están muy lejos de ser atendidas o de ser reconocidas siquiera por la población en general. Como futurista —y cada vez más un "ahorista" (*nowist*) que vive en el aquí y el ahora— también tengo la esperanza de poder dotar de presencia real y de urgencia actual a un futuro que, para muchos, parece eludir nuestra comprensión y no ser digno de nuestra atención.

Este libro está intencionalmente diseñado como un apasionante detonador de discusiones alrededor de lo que considero la conversación más importante del mundo. Creo que mi papel aquí es el de incitar y catalizar el debate; por lo tanto, me he dispuesto a diseñar un manifiesto enérgico en lugar de presentar un prototipo o una guía sobre cómo hacerlo. A fin de estimular y fomentar dicho debate, desarrollaré a través de futuras conferencias, contribuciones en línea y películas, los temas esbozados en este libro

El hecho de que podamos hacerlo no significa que debamos hacerlo

Creo que hemos de tomar distancia del debate liderado por los expertos sobre qué cosas resultan posibles y cómo podríamos lograrlas. Más bien, soy de la opinión de que debemos comenzar por una exploración más fundamental sobre qué papel queremos que estas tecnologías transformativas tengan al servicio de la humanidad: el hecho de que podamos hacerlo no significa que debamos hacerlo.

Con el fin de ayudar a guiar esta exploración, he propuesto lo que considero son las fuerzas impulsoras del cambio, y también he presentado una evaluación de su impacto e implicaciones potenciales. He subrayado varias cuestiones fundamentales —y en muchos casos exponenciales— que han surgido en una multitud de ámbitos científicos y tecnológicos.

Sostengo que hemos de situar la felicidad y el bienestar humanos al centro de nuestra toma de decisiones y de nuestros procesos de gobierno, a fin de que estos factores definan futuras inversiones destinadas a la investigación, al desarrollo y a la comercialización científica y tecnológica pues, a fin de cuentas, la tecnología no se refiere a aquello que buscamos, sino a cómo lo buscamos.

A continuación presento una gama de diferentes escenarios y sus posibles desenlaces, dependiendo de la ruta de crecimiento que elijamos en dirección al futuro. Concluyo con una serie de ideas a modo de borrador que detonen la discusión sobre cómo elegir la mejor ruta para la humanidad, así como la forma en que podríamos tomar decisiones acertadas a lo largo del camino.

Con el fin de iniciar esta ambiciosa conversación y ayudar a guiar la discusión, he estructurado mis reflexiones en doce capítulos clave.

Capítulo 1: **Un prólogo del futuro** — A medio camino de la segunda década del presente siglo, nos encontramos en un punto de inflexión crítico de la evolución tecnológica, en un momento clave en el que el cambio no sólo se volverá combinatorio y exponencial, sino también inevitable e irreversible. Sostengo que ahora es nuestra última oportunidad para cuestionar la naturaleza de estos próximos retos, desde la inteligencia artificial hasta la edición del genoma humano. En este sentido, lograr un equilibrio será crucial.

Capítulo 2: **Tecnología *versus* nosotros** — En este capítulo explico por qué la tecnología podría progresivamente simularnos y reemplazarnos —mas nunca convertirse en nosotros o ser nosotros—. La tecnología no tiene ética y, por ende, su incursión inminente en lo más privado de nuestras vidas y nuestros procesos biológicos debe gestionarse como una cuestión cívica y corporativa de máxima prioridad. Examino la naturaleza de la ética como un elemento significativo y un diferenciador humano que trasciende diferencias tanto religiosas como culturales.

Capítulo 3: **Los mega-cambios** — La transformación digital está siendo promocionada entre las compañías y el sector público como el cambio de paradigma *du jour* —cuando, en realidad, sólo es uno de los diez mega-cambios que interactuarán entre sí y transformarán el rostro de la vida humana para siempre—. Exploraré aquí estos mega-cambios —desde la movilización y la automatización hasta la robotización—. No se trata de procesos evolutivos pausados donde hay tiempo para integrarlos y poder adaptarnos a ellos. Más bien, detonarán un tsunami de alteraciones y transformaciones, potencialmente equiparable a un evento de extinción masiva de gran parte de la infraestructura comercial existente a nivel global.

Capítulo 4: **La automatización de la sociedad** — Este capítulo pone en entredicho el mito tan extendido y peligrosamente engañoso de que la automatización sólo alterará el trabajo de los obreros —e incluso los trabajos de cuello blanco. La ola de automatización que está por venir se propagará más allá de las industrias y de la infraestructura pública, extendiéndose también hasta nuestros procesos biológicos, como el envejecimiento e incluso dar a luz. Siendo que estamos acostumbrados a cambios sociales graduales, y que han sido suscitados por olas de cambio previas, donde con frecuencia transcurrieron décadas de ajuste y respuesta, me pregunto si como tribu estamos listos para abdicar nuestra soberanía y entregarla a las fuerzas anónimas de la tecnología. ¿Estamos preparados para la mayor pérdida de libertad y de control humano a nivel individual que haya acontecido en la historia?

Capítulo 5: **El Internet de las cosas inhumanas** — Este capítulo explora posibles retos planteados por el Internet de las cosas —la actual narrativa dominante dentro de la transformación digital, que está propulsando miles de estrategias corporativas—. ¿Nos hemos detenido a cuestionar la diferencia entre los algoritmos y aquello que nos hace esencialmente humanos, aquello que llamo androritmos (*androrithms*)? ¿Acaso el Internet de las cosas inhumanas nos exigirá primero gradualmente, y luego súbitamente, que renunciemos a nuestra humanidad, que nos volvamos cada vez más mecánicos con tal de seguir siendo relevantes? Conforme la informática se vaya haciendo móvil, luego portable, y dentro de poco incluso pueda ser ingerida o implantada, ¿sacrificaremos entonces nuestra ventaja planetaria distintiva como especie por un *hit* digital espurio?

Capítulo 6: **De mágico a maníaco a tóxico** — Aquí examino el modo en que nuestra relación de amor con la tecnología a menudo sigue una curva predecible, que evoluciona de lo mágico a lo maníaco y que —en última instancia— deriva en lo tóxico. Conforme nos permitimos experimentar la vida como una secuencia de encuentros cada vez más mediados y procesados, podríamos incluso pensar que estamos divirtiéndonos, cuando en realidad sólo estamos siendo manipulados por nuestras hormonas —las mismas hormonas que progresivamente se han convertido en el blanco de los sutiles proveedores de las grandes compañías tecnológicas (*Big Tech*)—. Inmersos en esta interminable juerga de luna de miel que es el progreso tecnológico, sería conveniente pensar en la resaca —el precio que habremos de pagar el día de mañana y para siempre—.

Capítulo 7: Obesidad digital: nuestra última pandemia — Este capítulo aborda cómo la obesidad digital, aunque menos familiar que su variante física, está transformándose rápidamente en una pandemia de proporciones sin precedentes. Al tiempo que estamos sumergidos y atiborrados en una superabundancia de noticias, actualizaciones e información diseñada algorítmicamente, también nos recreamos dentro de una creciente burbuja tecnológica de entretenimiento cuestionable. Considerando el maremoto de nuevas tecnologías y plataformas de compromiso digital (*digital engagement*) que se avecina, ya es hora de que reflexionemos sobre la nutrición digital de la misma forma en que lo hacemos respecto a la nutrición corporal.

Capítulo 8: Precaución *versus* proacción — Este capítulo argumenta que el futuro más seguro —e incluso el más prometedor— es aquel en el que no posterguemos la innovación, pero donde tampoco ignoremos los riesgos exponenciales que actualmente supone tratarlos como si "del problema de otro" se tratara. No podemos posponer la factura que entregaremos a la siguiente generación a raíz de los riesgos de la nueva tecnología —cualquier inconveniente tendrá efectos inmediatos y de una magnitud sin precedentes—. Planteo que tanto la precaución como la proacción —los dos principios hasta ahora habitualmente empleados— son insuficientes para lidiar con un escenario combinatorio y exponencial, en el que esperar sería tan peligroso como disparar antes de tiempo. El transhumanismo —con su precipitada marcha cual borregos hasta el filo de lo desconocido — constituye la más aterradora entre las opciones actuales.

Capítulo 9: Eliminando la casualidad de la felicidad — El dinero podrá hablar, pero la felicidad seguirá siendo el gran tema. La felicidad no sólo es considerada a través de distintas filosofías y culturas como el fin último de la existencia humana, sino que sigue siendo un factor elusivo que se resiste a ser objeto de medición exacta o de replicación tecnológica. ¿Cómo podríamos proteger las formas más profundas de felicidad que implican empatía, compasión y consciencia, mientras las grandes compañías tecnológicas simulan rápidos *hits* de placer hedonista? La felicidad también está relacionada con la suerte, con la casualidad —pero, ¿cómo usar entonces la tecnología para limitar los riesgos de la vida humana, conservando simultáneamente su misterio y su espontaneidad?

Capítulo 10: **Ética digital** — En este capítulo sostengo que, así como la tecnología permea cada aspecto de la vida y de las actividades humanas, la ética digital evolucionará hasta convertirse en una cuestión candente que no podrá ser ignorada por ningún individuo ni por ninguna organización. Actualmente no contamos siquiera con un lenguaje común a nivel global para discutir esta cuestión, mucho menos hemos llegado a un acuerdo de responsabilidades y derechos aceptados. Con frecuencia, los países en vías de desarrollo se desentienden de la sostenibilidad ambiental por considerarla un problema de países del primer mundo, por lo que esta cuestión acaba invariablemente estancada durante las recesiones económicas. Por el contrario, la ética digital terminará por abrirse camino hasta un lugar permanente al frente y al centro de nuestra vida política y económica. Ha llegado el momento de tener una conversación que atienda a la ética de la tecnología digital —una amenaza para la continua prosperidad humana, que podría llegar a ser incluso mayor que la proliferación nuclear—.

Capítulo 11: **Tierra 2030: ¿Cielo o infierno?** — Si avanzamos imaginariamente hasta el futuro a corto y mediano plazo, podremos visualizar fácilmente algunos cambios gigantescos que alterarán el trabajo y la vida hasta volverlos irreconocibles; dichos cambios son explorados aquí. Muchos de estos cambios radicales han de ser bienvenidos *per se* —como sería, por ejemplo, trabajar por algo que nos apasione en lugar de trabajar para ganar nuestro sustento. No obstante, muchos de los privilegios más básicos que en cierto momento dimos por hecho, como serían la libertad de elección de consumo y la independencia para la libre elección de un estilo de vida, podrían pasar a ser meros ecos, vestigios o dominios exclusivos de individuos que gocen de muy altos ingresos. ¿Cielo o infierno? Decidamos, pero hagámoslo ahora.

Capítulo 12: **Hora de decidir** — En este capítulo final defiendo que ha llegado la hora de la verdad para la adopción de la tecnología —y no para la aplicación de la tecnología misma, sino para una integración y una delimitación más profundas de la tecnología en la vida humana—. Hay una multitud de cuestiones éticas, económicas, sociales y biológicas que no aguardarán hasta la llegada de otro foro o de la siguiente generación. Es tiempo de regular la aplicación masiva de la tecnología tal y como lo haríamos con cualquier otra fuerza transformativa, como sería la energía nuclear. Ésta no es la conclusión de un rico diálogo, sino el comienzo de una conversación que ha de volverse predominante en nuestros medios, en nuestras escuelas, en nuestros gobiernos, y —más inmediatamente— en nuestras salas de juntas. El tiempo en el que los tecnólogos y los tecnócratas simplemente delegaban la carga ética a otros ha quedado atrás.

Espero que este libro les inspire a reflexionar profundamente sobre los retos a los que nos enfrentamos. También les invito a contribuir a esta conversación sumándose a la comunidad techvshuman/TVH en www.techvshuman.com

Gerd Leonhard
Zúrich, Suiza
Agosto 2016

Capítulo 1
Un prólogo del futuro

La humanidad cambiará más durante los próximos 20 años que durante los últimos 300 años.

Los seres humanos tienden a extrapolar el futuro a partir del presente y también a partir del pasado. El supuesto aquí sería que todo aquello que hasta ahora nos haya resultado eficaz, tras ligeras mejorías de modo o forma, también debería sernos en buena medida útil para el futuro. Sin embargo, la nueva realidad implica que, dado el mayor impacto que están ejerciendo los cambios tecnológicos exponenciales y combinatorios, es altamente improbable que el futuro sea una extensión del presente. Más bien, todo indica que será radicalmente distinto — ya que tanto el contexto de estos presupuestos como su lógica subyacente han cambiado—.

Por lo tanto, en mi labor como futurista me esfuerzo por intuir, imaginar y sumergirme en el futuro cercano (unos cinco a ocho años hacia adelante) y presentar visiones sobre dicho mundo, para regresar nuevamente desde ahí al presente, en lugar de tomar el presente como punto de partida.

Empezando con un reporte de ese futuro próximo, este libro explora los retos por venir y propone un manifiesto, una llamada apasionada que nos insta a detenernos y reflexionar antes de ser arrastrados por el vórtice mágico de la tecnología y quedar fundamentalmente reducidos a ser menos, y no más, humanos. Es oportuno recordar que el futuro no es algo que simplemente nos acontezca —es algo que creamos, día tras día, y seremos responsables de las decisiones que tomemos en este preciso instante—.

Un punto de inflexión histórico

Creo que estamos viviendo uno de los momentos más emocionantes de la historia de la humanidad, y suelo ser muy optimista respecto al futuro. No obstante, es indudable que hemos de definir y llevar a cabo una aproximación más holística de la gestión de la tecnología, a fin de salvaguardar la propia esencia de lo que significa ser humano.

Nos encontramos en un punto de inflexión dentro de una curva exponencial en muchos campos de la ciencia y la tecnología (C&T), un punto en el que la duplicación de cada periodo de medición respecto al anterior se va volviendo cada vez más relevante.

Al centro de la historia del cambio exponencial encontramos la ley de Moore —un concepto originado en la década de los setenta y que, dicho de manera sencilla, sugiere que la velocidad de procesamiento (i.e. el nivel de poder de procesamiento de un chip) que podemos adquirir por $1,000 USD, se duplica aproximadamente cada 18-24 meses—.[1]

Este ritmo de crecimiento exponencial es evidente hoy en día en áreas tan diversas como el aprendizaje profundo, la genética, las ciencias de materiales y la manufactura. El tiempo requerido para cada paso de este crecimiento exponencial también está disminuyendo en muchos campos, lo que está posibilitando cambios fundamentales en todas las actividades del planeta. En términos prácticos, actualmente hemos dejado atrás aquella etapa de la curva en la que era difícil medir la presencia de algún cambio, es decir, ya no estamos avanzando dando pequeños pasos de 0.01 a 0.02 o de 0.04 a 0.08.

Por fortuna, tampoco hemos llegado aún al punto en el que dichas duplicaciones se hayan vuelto tan grandes como para superar nuestra comprensión o para impedirnos actuar. Poniendo esto en perspectiva, considero que en la mayoría de los ámbitos nos encontramos ahora en un nivel de rendimiento relativo de aproximadamente cuatro; sin embargo, el siguiente incremento no será uno lineal de cuatro a cinco, ¡sino un paso exponencial de cuatro a ocho! Es ahora cuando los incrementos exponenciales están empezando realmente a importar, y la tecnología hoy en día está impulsando cambios exponenciales en todos los sectores de nuestra sociedad, desde los transportes, las comunicaciones y los medios, hasta la medicina, la salud, la comida y la energía.

Observen los cambios recientes de los que estamos siendo testigos en la industria automotriz —a lo largo de los últimos siete años hemos evolucionado de los automóviles eléctricos que ofrecían un rango de menos de 50 millas a los últimos modelos de Tesla y el BMWi8, que aseguran un rendimiento de más de 300 millas con una única carga—.[2] [3] También hemos pasado de un puñado de centros de carga al sorprendente hecho de que en la ciudad de Nueva York ya existen más estaciones de vehículos eléctricos (VE) que gasolineras.[4] Aproximadamente cada mes surge un nuevo avance relativo a la eficiencia de las baterías, que en décadas pasadas constituía una de las principales limitaciones para la adopción de vehículos eléctricos. Dentro de poco cargaremos nuestros vehículos eléctricos sólo una vez por semana, luego una vez por mes, y finalmente quizá sólo una vez al año y, así las cosas, ¡parece bastante probable que muy pocas personas sigan interesadas en autos de lujo enormes, con motores de gasolina buenos pero viejos!

Presten ahora atención a la disminución incluso más dramática de los costos de secuenciación del genoma humano, que ha pasado de unos $10 millones USD en el 2008 a aproximadamente $800 USD hoy en día.[5] Imaginemos qué podría ocurrir cuando supercomputadoras más poderosas pasen a formar parte de la nube y estén a disposición de cualquier instalación o laboratorio médico: el costo de la secuenciación del genoma individual podría reducirse rápidamente hasta situarse por debajo de los $50 USD.[6]

Imaginen ahora los perfiles genómicos de unos dos mil millones de personas cargados en una nube segura (¡ojalá de forma anónima!) para ser usados con fines de investigación, desarrollo y análisis —una actividad que en gran parte fuera realizada por inteligencia artificial (IA) operando en esas mismas supercomputadoras—. Las posibilidades científicas resultantes arrasarían con cualquiera de nuestros sueños y, simultáneamente, traerían consigo retos éticos de enormes dimensiones: incrementos impresionantes de la longevidad entre aquellos que pudieran costearlo, la capacidad de reprogramar el genoma humano, y —potencialmente— el fin del envejecimiento, e incluso de la muerte. ¿Será acaso que los ricos vivirán por siempre, mientras los pobres no podrán siquiera permitirse pastillas para la malaria?

Desarrollos exponenciales como éstos sugieren que seguir imaginando el futuro de forma lineal probablemente nos dirija a supuestos catastróficamente erróneos sobre la magnitud, la velocidad y los impactos potenciales del cambio. Quizá esto explique en parte por qué tantas personas no parecen comprender la creciente preocupación en torno al triunfo de la tecnología sobre la humanidad —todo parece tan lejano y, por ahora, relativamente inocuo, pues nos encontramos sólo en el punto cuatro de esta curva—. Cuestiones como la creciente pérdida de privacidad, el desempleo tecnológico, o la descualificación humana, todavía no parecen suficientemente próximas —pero esto está destinado a cambiar muy rápidamente—.

También es importante ser consciente de que los cambios más grandes ocurrirán como consecuencia de la innovación combinatoria, es decir, por la explotación simultánea de múltiples mega-cambios y elementos disruptivos. Por ejemplo, en el capítulo 3 discutiré la práctica cada vez más común entre las compañías que combinan *big data* y el Internet de las cosas (*Internet of Things*, IoT) junto con IA, la movilidad y la nube, a fin de crear nuevas ofertas extremadamente perturbadoras.

Basta decir que nada ni nadie podrá salvarse de los cambios que se avecinan, independientemente de que estos cambios sean realizados de buena voluntad, ignorando o descuidando la consideración de posibles consecuencias indeseadas, o bien, con claros fines dañinos. Por un lado, estos avances tecnológicos inimaginables podrían mejorar nuestras vidas de forma dramática, promoviendo en grado sumo la prosperidad humana (véase el capítulo 9); por el otro, es probable que algunos de estos cambios tecnológicos exponenciales pongan en riesgo el propio tejido de la sociedad y, en última instancia, que cuestionen nuestra propia humanidad.

En 1993, el informático y afamado autor de ciencia ficción, Vernor Vinge, escribió:

Dentro de 30 años tendremos los medios tecnológicos necesarios para crear una inteligencia sobrehumana. Poco después, la era humana habrá llegado a su fin. ¿Podría evitarse semejante progresión? Y, de ser ineludible, ¿podrían dirigirse estos eventos a fin de sobrevivir?[7]

¡Bienvenidos a *HellVen*!

Cada vez resulta más claro que el futuro de las relaciones humano-máquina depende en gran medida del sistema económico que las crea. Estamos enfrentando lo que me gusta llamar retos *HellVen* (i.e. una mezcla de hell/heaven – infierno/cielo) (#hellven). Estamos avanzando a máxima velocidad hacia un mundo semejante al estado de Nirvana, en el que ya no sería necesario trabajar para ganarse el sustento, donde los problemas serían solucionados por la tecnología, y donde gozaríamos de una especie de abundancia universal —referida en ocasiones como la economía *Star Trek*—.[8]

No obstante, el futuro también podría marcar el inicio de una sociedad distópica orquestada y vigilada por supercomputadoras, bots interconectados y agentes de software súper-inteligentes —

máquinas y algoritmos, cíborgs y robots— o, mejor dicho, por sus dueños. Un mundo donde los seres humanos no aumentados serían, en el mejor de los casos, tolerados como meras mascotas o como un estorbo necesario y, en el peor escenario, serían esclavizados por una camarilla de dioses cíborg; una sociedad obscura que estaría descualificada, desensibilizada, desencarnada y completamente deshumanizada.

> *"Vivirás para ver los horrores cometidos por los hombres más allá de tu comprensión". Nikola Tesla*[9]

¿Acaso esta visión es paranoica?

Consideremos ahora lo que muchos de nosotros ya estamos presenciando en nuestras propias vidas: tecnologías digitales ubicuas y de bajo costo que han hecho posible delegar nuestros pensamientos, nuestras decisiones y nuestros recuerdos a dispositivos móviles cada vez más baratos y a las nubes inteligentes detrás de ellos. Estos "cerebros externos" están mutando rápidamente de conocer-me, a representar-me, hasta ser-yo. De hecho, ya han comenzado a convertirse en una copia digital de nosotros mismos —y, si esto todavía no les resulta preocupante, imaginen el poder que tendría este cerebro externo multiplicado hasta 100 veces en los próximos cinco años—.

¿Tengo que desplazarme por una ciudad desconocida? Imposible sin GoogleMaps. ¿No sé qué cenar esta noche? TripAdvisor me lo dirá. ¿No tengo tiempo para contestar mis correos? El nuevo asistente inteligente de Gmail lo hará por mí.[10]

En lo que respecta a la convergencia hombre-máquina, no hemos llegado al punto de una tierra en la que permanezcamos en casa mientras nuestros dobles cíborg viven nuestra vida por nosotros, como en la película *Identidad sustituta* (*Surrogates*, 2009) de Bruce Willis.[11] Tampoco tenemos aún la posibilidad de comprar *synths* (i.e. humanoides sintéticos) semejantes a los humanos que pudieran realizar una gama de tareas y brindarnos compañía, como se observa en la serie televisiva de la AMC del 2015 *Humans*[12] —pero tampoco estamos muy lejos de ello—.

En este libro explicaré por qué considero improbable que ocurra este escenario distópico. Al mismo tiempo, sostendré que en este momento nos enfrentamos a algunas decisiones fundamentales en lo que respecta a determinar y planear hasta dónde permitiremos que la tecnología impacte y configure nuestras vidas, las vidas de nuestros seres queridos, y la vida de las generaciones futuras. Algunos expertos podrían afirmar que ya hemos rebasado el punto en el que podríamos haber prevenido estos cambios, y que ésta no es sino la siguiente etapa dentro de nuestra evolución "natural". Discrepo radicalmente de esta postura, y explicaré la forma en que, a mi modo de ver, los humanos podrían salir victoriosos del choque que se avecina entre el hombre y las máquinas.

La tecnología y la humanidad están convergiendo, y nos encontramos en un punto de inflexión

Al comenzar a escribir este libro y mientras daba forma a los temas de mis conferencias, hubo tres palabras que surgieron y sobresalieron —exponencial, combinatorio y recurrente—.

1. **Exponencial.** La tecnología está progresando exponencialmente. Si bien es verdad que las leyes básicas de la física podrían impedir que los microchips fueran mucho más pequeños de lo que ya lo son hoy en día, el progreso tecnológico en general todavía se ajusta a la ley de Moore.[13] La curva de rendimiento sigue creciendo exponencialmente en lugar de hacerlo de la forma gradual o lineal en que los humanos tienden a comprenderlo y esperarlo. Esto representa un enorme reto cognitivo para nosotros: mientras la tecnología crece exponencialmente, los humanos (eso espero) siguen siendo lineales.

2. **Combinatorio.** Los avances tecnológicos están siendo combinados e integrados. Una serie de avances

innovadores, como serían la inteligencia de las máquinas y el aprendizaje profundo, el IoT y la edición del genoma humano, están empezando a converger y a amplificarse entre sí. Su aplicación ya no queda reducida a dominios individuales específicos —más bien, están generando ondas a lo largo y ancho de una infinidad de sectores—. Por ejemplo, algunas tecnologías avanzadas de edición del genoma humano como CRISPR-Cas9, podrían permitirnos finalmente derrotar el cáncer y aumentar dramáticamente la longevidad.[14] Estos desarrollos pondrían de cabeza toda la lógica de la atención sanitaria, de la seguridad social, del ámbito laboral e, incluso, del propio capitalismo.

3. **Recurrente.** Tecnologías como la IA, la informática cognitiva y el aprendizaje profundo, podrían en cierto momento dar pie a avances recurrentes (i.e. auto-amplificadores). Por ejemplo, ya estamos siendo testigos de los primeros ejemplos de robots que pueden reprogramarse y actualizarse a sí mismos, o que son capaces de controlar la red eléctrica gracias a la que funcionan, lo que podría conducir a lo que se ha llegado a denominar una explosión de inteligencia. Algunos, como el catedrático de Oxford, Nick Bostrom, consideran que esto podría resultar en el surgimiento de súper-inteligencia —sistemas de IA que un día podrían llegar a aprender más rápido que los propios seres humanos, aventajándoles en casi todos los aspectos —.[15] Si podemos diseñar IAs con un CI de 500, ¿qué podría impedirnos diseñar otras con un CI de 50,000? Y, ¿qué ocurriría si lo hiciéramos?

Afortunadamente, la súper-inteligencia recurrente todavía no se vislumbra en el horizonte inmediato. Sin embargo, incluso si estos retos aún no están presentes, ya estamos enfrentándonos a algunas cuestiones que escalan con rapidez, como serían el constante rastreo de nuestras vidas digitales, la vigilancia predeterminada, la privacidad decreciente, la pérdida del anonimato, el robo de identidad digital, la seguridad de datos, y muchas más. Por esta razón estoy convencido de que aquí y ahora es cuando se están sentando las bases para el futuro —positivo o distópico—de la humanidad.

Nos encontramos en una encrucijada decisiva: hemos de actuar con mucha más previsión, desde una postura resueltamente más holística y a través de una gestión mucho más robusta, conforme desplegamos tecnologías que, por su parte, podrían ejercer en nosotros un poder infinitamente mayor del que podríamos siquiera imaginar.

Ya no podemos adoptar una actitud pasiva de "esperar y ver", si queremos seguir en control de nuestro destino y de los desarrollos que podrían perfilarlo. Más bien, hemos de dedicar igual atención tanto a qué significaría ser o seguir siendo humanos en el futuro (i.e. aquello que nos define como humanos) como al desarrollo de tecnologías infinitamente más poderosas que transformarán a la humanidad para siempre.

A su vez, hemos de tener cuidado de no dejar estas decisiones simplemente en manos del "libre mercado", de inversores de capital de riesgo o de tecnólogos corporativos, ni de las organizaciones militares más poderosas del mundo. El futuro de la humanidad no tiene por qué ajustarse al paradigma genérico de una era industrial donde todo se reduzca a crecimiento y rentabilidad a toda costa, ni tampoco tiene por qué seguir cierto imperativo tecnológico obsoleto que cumplió su propósito en la década de los ochenta. Ni Silicon Valley, ni las naciones con mayor auge tecnológico del mundo, tienen por qué convertirse en el "control de misión para la humanidad" simplemente porque la tecnología genere una ingente cantidad de nuevas fuentes de ganancias e ingresos descomunales.

Afortunadamente, considero que en este preciso momento todavía nos encontramos en el punto 90/10: 90% de las sorprendentes posibilidades presentadas por la tecnología podrían resultar beneficiosas para la humanidad, mientras que el 10% restante podría ya ser problemático o negativo. Si podemos mantener este equilibrio, e incluso llevarlo a un 98/2, realmente valdría la pena el esfuerzo. Al mismo tiempo, ese inquietante 10% (incluso si hasta ahora en su mayor parte ha sido fortuito) podría rápidamente inflarse hasta un 50% o más si no acordamos el modo exacto en que deseamos que estas tecnologías estén al servicio de la humanidad. Es claro que nos encontramos en un momento en el que no podemos simplemente "seguir empujando y ver qué pasa".

La inteligencia artificial y la edición del genoma humano constituyen los dos principales factores de cambio

La primera entre las principales fuerzas en el ámbito de las tecnologías exponenciales es la IA, que puede definirse simplemente como la creación de máquinas (software o robots) inteligentes y capaces de autoaprendizaje —i.e. máquinas pensantes más semejantes a los humanos—. Se ha proyectado ampliamente la capacidad de la IA de crecer al doble de velocidad que el resto de todas las demás tecnologías juntas, superando así la ley de Moore y el crecimiento de la potencia informática en general.[16]

"Por mucho, el mayor peligro de la inteligencia artificial es que las personas concluyen con demasiada rapidez que ya la han comprendido". — Eliezer Yudkowsky[17]

De la mano de la IA se encuentra el segundo factor de cambio (*game changer*), a saber, la ingeniería del genoma humano: alterar el ADN para acabar con algunas o todas las enfermedades, para reprogramar nuestros cuerpos e, incluso, probablemente, para acabar con la muerte. En efecto, la IA será un elemento crítico que posibilitaría semejante reprogramación.

Ambos factores de cambio y sus vecinos científicos tendrán un impacto enorme en lo que los humanos pueden y podrán hacer en menos de 20 años. En este libro, en aras de la brevedad, me enfocaré particularmente en la IA y en el aprendizaje profundo, dado que son entidades inmediatamente relevantes para nuestro futuro, así como por su rol de habilitadores del desarrollo de otros factores de cambio, como la edición del genoma humano, la nanotecnología y las ciencias de materiales.

¿Asemejándonos a Dios?

El Dr. Ray Kurzweil, actual director de ingeniería de Google, es una gran influencia en el pensamiento futurista en general y en mi propia obra en particular, aunque también se trata de alguien cuyas posturas tendré que retar constantemente en este libro. Kurzweil predice que las computadoras superarán el poder de procesamiento de un cerebro humano para el año 2025, y que una sola computadora podría igualar el poder de todos los cerebros humanos juntos para el año 2050.[18]

Kurzweil sugiere que estos desarrollos anunciarán la llegada de la así llamada singularidad tecnológica (*Singularity*), el momento en que las computadoras finalmente triunfen y sobrepasen a los cerebros humanos en términos de potencia informática. Éste es el momento en el que la inteligencia humana podría volverse cada vez menos biológica, donde sería posible que las máquinas pudieran trascender su programación original de forma independiente y, probablemente, de forma recurrente —un momento decisivo en la historia humana—.

A finales del 2015, Ray Kurzweil dijo esto a su público en la Singularity University:

> Conforme evolucionamos nos asemejamos cada vez más a Dios. La evolución es un proceso espiritual. En el mundo hay belleza, amor, creatividad e inteligencia —todo proviene del neocórtex—. Así que expandiremos el neocórtex del cerebro hasta hacernos más divinos.[19]

Si bien considero bastante acertada la afirmación de que —con Dios o sin él— las computadoras llegarán a tener la capacidad del cerebro humano, a diferencia del Dr. Kurzweil, no creo que debamos renunciar gustosamente a nuestra humanidad a cambio de la posibilidad de obtener una inteligencia no biológica ilimitada. Más bien, me parece un muy mal negocio, una degradación en lugar de una optimización, y en este libro explicaré por qué creo encarecidamente que no deberíamos tomar ese camino.

Ahora mismo, en el 2016, las computadoras simplemente no cuentan con la suficiente potencia como para materializar la visión de Kurzweil. Considero que los chips son todavía demasiado grandes, las redes todavía no tienen la velocidad suficiente, y el sistema eléctrico en general no podría sostener la demanda de máquinas que requirieran tanta potencia. Obviamente, éstos son meros obstáculos temporales: cada día nos enteramos de importantes descubrimientos científicos y, además, es innegable que hay numerosos avances no publicados que están ocurriendo en secreto en laboratorios de todo el mundo.

Debemos estar preparados para la singularidad tecnológica, manteniéndonos abiertos pero críticos, científicos pero humanistas, aventureros y curiosos pero también precavidos, y con una mentalidad tanto emprendedora como colectiva.

La ciencia ficción está convirtiéndose en hechos científicos

Muy pronto, las máquinas serán capaces de realizar tareas que antes sólo eran del dominio exclusivo de trabajadores humanos —tanto obreros como trabajadores de cuello blanco— como la comprensión del lenguaje, el reconocimiento complejo de imágenes, o el uso de nuestro cuerpo de maneras altamente flexibles y adaptativas. Sin duda, para ese momento dependeremos de las máquinas en cada aspecto de nuestras vidas. También es muy probable que seamos testigos de una rápida fusión de hombre y máquina a través de nuevos tipos de interfaces, como la realidad aumentada (RA), la realidad virtual (RV), hologramas, implantes, interfaces cerebro-computadora

(ICC), y partes corporales diseñadas por medio de nanotecnología y biología sintética.

De ser posibles acciones como la introducción de nanobots en nuestro torrente sanguíneo, o de implantes de comunicación en nuestros cerebros, ¿quién decidiría entonces lo que es humano? Si (como me gusta decirlo) la tecnología no tiene ética (y probablemente no debería tenerla), ¿qué ocurrirá con nuestras normas y contratos sociales, con nuestros valores y nuestra moral, en el momento en el que las máquinas gestionen todo por nosotros?

En el futuro cercano, a pesar de lo que aseveran los evangelistas de la IA, opino que la inteligencia de las máquinas no incluirá ni inteligencia emocional ni cuestiones éticas, dado que las máquinas son cosas —son duplicadores y simuladores—. Empero, llegará un momento en el que las máquinas serán capaces de leer, analizar y posiblemente comprender nuestros sistemas de valores, nuestros contratos sociales, nuestra ética y nuestras creencias —pero no podrán nunca existir en el mundo o formar parte de él como nosotros lo hacemos (lo que algunos filósofos alemanes denominan *Dasein*)—.

Pero, independientemente de esto, ¿viviremos en un mundo en el que los datos y los algoritmos se impondrán sobre los *androritmos*, por encima de todo aquello que nos hace humanos? (Más adelante en este libro definiré exactamente lo que es un androritmo).

De nueva cuenta, las duplicaciones sucesivas de 4 a 8, a 16 y a 32, son radicalmente diferentes a nivel de su impacto que los incrementos de 0.1 a 0.8. Éste constituye uno de los retos más arduos de hoy en día: hemos de imaginarnos un mañana exponencialmente distinto, y debemos convertirnos en administradores de un futuro cuya complejidad podría ampliamente rebasar la comprensión humana actual. En cierto modo, hemos de volvernos exponencialmente imaginativos.

Gradualmente, luego súbitamente

Para mí, esta línea del libro *Fiesta* (*The Sun Also Rises*) de Ernest Hemingway describe perfectamente la naturaleza del cambio exponencial.[20]

"¿Cómo llegaste a la quiebra?"
"De dos maneras. Gradualmente, luego súbitamente".

Cuando pensamos en crear nuestro futuro, es esencial que comprendamos estos dos memes gemelos: por un lado, "exponencialmente" y, por otro, "gradualmente, luego súbitamente", pues ambos encierran mensajes clave en este libro. Veremos cada vez más los humildes comienzos de lo que podría ser una enorme oportunidad o una enorme amenaza. Y luego, repentinamente, o bien habrá desaparecido y habrá quedado en el olvido, o bien, estará aquí, ahora, y mucho más grande de lo que habíamos imaginado. Pensemos en la energía solar, en los vehículos autónomos, en las monedas digitales, y las *blockchain* (cadenas de bloques): a todas les tomó mucho tiempo materializarse, pero luego súbitamente nos encontramos con que están aquí y que están rugiendo. La historia nos dice que los que se adaptan con demasiada lentitud o que no logran prever los momentos clave sufrirán las consecuencias.

Conformarnos con aguardar y ver qué pasa muy probablemente significaría esperar hasta volvernos irrelevantes, o simplemente ser ignorados, volvernos obsoletos y desaparecer. Por lo tanto, debemos buscar otra estrategia para definir y conservar lo que nos hace humanos en este mundo de rápida digitalización.

Tiendo a pensar que los mercados no se autorregularán ni tratarán estas cuestiones a través de una "mano invisible". Más bien, los mercados abiertos, tradicionalmente regidos por el crecimiento y la rentabilidad, sólo aumentarán los retos enfrentados por la humanidad frente a la tecnología, puesto que estas mismas tecnologías presumiblemente generarán oportunidades por el valor de billones de dólares al año. El hecho de reemplazar las cualidades, interacciones e idiosincrasias humanas por tecnología representa una oportunidad de negocio demasiado grande como para ser cuestionada. Por poner un ejemplo, Peter Diamandis, un miembro de la junta directiva de una compañía de California bajo el acertado nombre de Human Longevity Inc., (*Longevidad Humana Inc.*), con frecuencia declara que el incremento de la longevidad podría crear un mercado global de unos $3.5 billones de USD.[21] Estas nuevas e irresistibles fronteras tienen mucha probabilidad de superar cualquier mínima inquietud sobre el futuro de la humanidad.

Más allá del control de misión

En última instancia estamos hablando sobre la supervivencia y la prosperidad de la especie humana, y creo que no sería correcto poner todo en manos de inversores de capital de riesgo, de los mercados bursátiles y de la milicia, ni que dirigieran esta cuestión por cuenta propia.

Es innegable que en el futuro cercano seremos testigos de duras batallas entre paradigmas y visiones opuestas del mundo, con sus enormes intereses económicos, enfrentándose entre sí en una especie de contienda de humanistas contra transhumanistas. Ahora que el petróleo y otros combustibles fósiles están dejando de ser la fuerza impulsora de los intereses políticos y militares, los Estados Unidos y China ya se encuentran al frente de una frenética carrera armamentística. Las nuevas guerras serán digitales, donde la batalla por el liderazgo ocurrirá en puntos de inflexión exponenciales como serían la IA, la modificación del genoma humano, el IoT, la seguridad cibernética y la guerra digital. Europa (incluyendo a Suiza, donde resido, y especialmente en ella) se encuentra en cierta forma atrapada en un punto medio, más preocupada por cuestiones que muchos considerarían sublimes, como son los derechos humanos, la felicidad, el equilibrio, la ética, y el bienestar sostenible y colectivo. Como explicaré después, creo que, de hecho, el abordaje de estas inquietudes constituye nuestra gran oportunidad aquí en Europa.

Ya existen tribus globales de líderes de opinión, emprendedores en serie, científicos, inversores de capital de riesgo y toda una variedad de gurús tecnológicos (y, sí, futuristas también), todos ellos dedicados a la promoción de un abandono rápido, voluntario y total del humanismo. Estos tecno-progresistas nos instan a "transcender la humanidad" y aceptar el siguiente paso de nuestra evolución que, por supuesto, es la fusión de la biología y la tecnología, alterando y aumentando nuestras mentes y nuestros cuerpos, hasta volvernos realmente sobrehumanos, erradicando las enfermedades (algo bueno) e incluso la muerte — una búsqueda seductora pero, con todo, bizarra—.

El interés por esta noción del transhumanismo ha ido creciendo y, a mi modo de ver, constituye uno de los desarrollos más inquietantes que he podido observar durante mis 15 años como futurista. La idea de procurar la felicidad humana buscando transcender completamente a la humanidad a través de medios tecnológicos, resulta algo francamente ilusorio.

A modo de contexto, presento a continuación dos posturas contrastantes relativas a este concepto, expuestas, por un lado, por el defensor del transhumanismo y candidato presidencial de los Estados Unidos en 2016, Zoltan Istvan y, por el otro, el filósofo Jesse I. Bailey:

El protagonista. Istvan escribió en su novela de 2013, *The Transhumanist Wager* (*La apuesta transhumanista*):

El código audaz del transhumanismo se levantará. Éste es un hecho indiscutible e innegable. Está embebido en la naturaleza no democrática de la tecnología y en nuestro propio avanzar evolutivo y teleológico. Se trata del futuro. Somos el futuro, querámoslo o no. Y este futuro debe ser moldeado, guiado y manejado correctamente a través de la fuerza y la sabiduría de los científicos transhumanistas, respaldados y favorecidos por sus naciones y sus recursos. Debe ser apoyado de tal manera que logremos una transición exitosa hacia él sin sacrificarnos a nosotros mismos —ya sea por su poder abrumador o por miedo a sacar partido de dicho poder—.

Deben invertir sus recursos en la tecnología. En nuestro sistema educativo. En nuestras universidades, industrias e ideas. En lo más fuerte de nuestra sociedad. En lo más brillante de nuestra sociedad. En lo mejor de nuestra sociedad. Para que de esta forma alcancemos el futuro.[22]

El humanista. Desafiando esta postura, Bailey escribió en *The Journal of Evolution and Technology* (*Revista de Evolución y Tecnología*):

Sostengo que, al amenazar con desdibujar la muerte como la posibilidad fundacional del *Dasein* (la existencia humana), el transhumanismo plantea el peligro de ocultar la necesidad de desarrollar una relación libre y auténtica con la tecnología, con la Verdad, y en definitiva, con el propio *Dasein*.

Los transhumanistas suelen defender una de dos afirmaciones: o bien el cuerpo que habitamos ahora será capaz de vivir cientos de años, o bien, nuestra consciencia podrá ser descargada en múltiples cuerpos. Cualquiera de estas posturas (de formas diferentes, sutiles pero importantes) aliena la experiencia humana de aspectos centrales de la finitud encarnada.

Heidegger reconoce el '*ser-para-la-muerte*' como un elemento central de la llamada a la autenticidad y evitar perderse en el '*uno*' (dominado por el marco tecnológico); al amenazar nuestra consciencia respecto a nuestra propia moralidad, el transhumanismo amenaza con ocluir el llamado a la autenticidad, de la misma forma en que ocluye la necesidad de ésta.[23]

Resulta claro que el determinismo tecnológico no es la solución, y también que la ideología imperante en Silicon Valley —que sostiene "¿por qué no sencillamente inventamos cómo salir de esto, nos divertimos en grande, y ganamos muchísimo dinero mientras mejoramos la vida de miles de millones de personas con estas nuevas tecnologías?"— podría resultar simplemente tan perezosa —y peligrosa— como el ludismo.

Como un contraste respetuoso de las visiones más bien cartesianas o reduccionistas de algunos transhumanistas sobre el futuro de la humanidad (i.e. ampliamente simplificadas y reducidas a concebir el mundo —y a las personas— como una máquina gigante), este libro se esforzará por esbozar una mentalidad y una filosofía de la era digital a las que en ocasiones me he referido como humanismo exponencial. Creo que por medio de esta filosofía podemos encontrar una vía equilibrada de avance, misma que nos permitirá adoptar la tecnología sin convertirnos en tecnología, usándola como un medio y no como un fin.

Para salvaguardar el futuro de la humanidad, debemos destinar al fomento de ésta tanta energía como la que invertimos en el desarrollo tecnológico. Considero que si queremos un mundo que siga siendo un buen lugar para los seres humanos, con todas sus imperfecciones e ineficiencias, hemos de destinar una cantidad significativa de recursos (monetarios y de todo tipo) a la definición de qué implicaría en realidad una nueva clase de humanismo exponencial. No bastará con invertir en tecnologías que prometan hacernos sobrehumanos —pues no tardaremos en estar sobre los hombros de máquinas cuyo funcionamiento ya ni siquiera comprendemos—.

Si no tomamos una postura más proactiva en estas cuestiones, me preocupa que una explosión exponencial, desenfrenada e incontrolada de inteligencia en la robótica, en la IA, en la bioingeniería y en la genética, acabará conduciendo al menosprecio de los principios básicos de la existencia humana, puesto que la tecnología no posee ética —pero una sociedad sin ética está condenada—.

Esta dicotomía está surgiendo por doquier: prácticamente todo lo que pueda ser digitalizado, automatizado, virtualizado y robotizado probablemente lo será y, no obstante, hay algunas cosas que no deberíamos intentar digitalizar ni automatizar —porque definen lo que somos como humanos—.

Este libro explora hacia dónde podrían dirigirnos las tecnologías exponenciales y convergentes durante los próximos diez años, subrayando lo que está en riesgo, y explorando qué podemos hacer hoy al respecto. Independientemente de sus convicciones filosóficas o religiosas, probablemente concuerden con que la tecnología ya ha entrado en nuestras vidas cotidianas de una manera tan amplia, que cualquier progreso exponencial futuro ciertamente exigirá un nuevo tipo de conversación sobre la dirección hacia la que estos avances nos están llevando y por qué. Así como la tecnología está literalmente a punto de entrar en nuestros cuerpos y en nuestros sistemas biológicos, ha llegado la hora de una asamblea tribal —quizá la conversación más importante que la tribu humana pueda llegar a tener—.

Capítulo 2
Tecnología versus nosotros

Detengámonos un momento a considerar nuestra humanidad.

Entre muchas otras cosas, la capacidad cognitiva de los seres humanos se afianza sobre nuestras disposiciones genéticas y las aproximadamente 100 mil millones de neuronas que constituyen nuestro cerebro.

Si todas ellas pudieran ser mejoradas por vía tecnológica, simplemente a nivel de rendimiento y conectividad, sería posible alcanzar alrededor de unas 100 desviaciones estándar de optimización. Esto daría por resultado un CI de más de 1,000 a comparación del promedio poblacional que va de 70 a 130, y que representa aproximadamente el 95% de la población.[24]

Resulta difícil comprender el grado de capacidades que semejante nivel de inteligencia podría representar, pero ciertamente rebasaría por mucho todo lo que hayamos visto o imaginado hasta ahora. La ingeniería cognitiva, a través de la edición directa del ADN embrionario humano, podría llegar a producir individuos cuyas capacidades cognitivas excedieran a los intelectos más renombrados a lo largo de la historia. Ya para el 2050, la mayoría de estos procesos seguramente podrían haber comenzado. Una cosa es el rediseño del sistema operativo de una máquina, pero, ¿qué significaría reprogramar a un ser sensible dotado de recuerdos y un sentido de la libertad (asumiendo que esto todavía importara para el 2050)?

Empecemos por el análisis de aquello que define al ser humano. Hay un sinnúmero de filósofos que se han esforzado por dar respuesta a esta pregunta, pero ahora que hemos alcanzado un punto en el que la tecnología está preparándose para permitirnos aumentar, alterar, reprogramar e incluso rediseñar a los seres humanos, esta pregunta se ha convertido en una cuestión candente. Muchas voces dentro de los campos de la singularidad tecnológica y del transhumanismo afirman que nos estamos aproximando a la fusión del hombre y la máquina, de la tecnología y la biología. Por emocionante que esto pueda o no ser, si ésta es realmente la situación, entonces la definición de qué es la humanidad en la era digital será una cuestión incluso más esencial.

La ética y los valores como esencias humanas

En este sentido, el reto fundamental será que, mientras la tecnología no tiene noción alguna de ética, de normas o de creencias, el funcionamiento efectivo de todo individuo humano y de toda sociedad se predican por completo de dichas nociones. En cierto momento, las máquinas podrían aprender a leer o comprender nuestras consideraciones sociales o morales, así como nuestros dilemas éticos, pero ¿podrían acaso, como nosotros, ser capaces de compasión y de empatía, o podrían tener una existencia holística? De hecho, vivimos nuestras vidas en gran medida conforme a nuestros valores, nuestras creencias y modos de pensar, y no tanto de acuerdo a datos duros o algoritmos. Incluso si las máquinas pudieran analizar y, posiblemente, simular la forma en que los humanos hacemos lo anterior, todavía estarían muy alejadas de existir al modo en que nosotros lo hacemos.

Como ya he mencionado, nos encontramos en un punto de inflexión dentro de la curva exponencial, donde el siguiente paso sería un verdadero salto de cuatro a ocho y luego a dieciséis. Por lo tanto, nos enfrentamos a una enorme brecha entre lo que la tecnología podría hacer (donde la respuesta parecería ser, en realidad, cualquier cosa), y lo que debería hacer para lograr la felicidad de la humanidad en su conjunto. En efecto, cuando vamos más allá de las causas más obvias de ausencia de felicidad, como serían la falta de libertad, la desigualdad, la pobreza y la enfermedad, la respuesta a "qué define la felicidad" no puede ser ni segura ni universalmente consistente (véase el capítulo 9).

Además de su creciente capacidad para simular las interacciones humanas, es evidente que la tecnología no tiene noción de felicidad, de autorrealización, de plenitud, de emociones, de valores y creencias, ni tampoco le preocupan estas cuestiones. Más bien, la tecnología sólo entiende de lógica, de acciones racionales, de datos incompletos, de eficiencia y respuestas del tipo sí y no pues, para poder "conocer la felicidad", sería necesario experimentar realmente el hecho de ser feliz, algo que, a mi modo de ver, requiere del cuerpo.

La tecnología mantiene una postura nihilista ante todas aquellas cosas que realmente nos importan a los seres humanos. Creo que la tecnología no puede, ni debería, ocupar un nivel superior en la jerarquía de necesidades de la pirámide de Maslow, pasando de ser un apoyo para las necesidades básicas a serlo para el amor y la pertenencia, para la autoestima o la autorrealización.[25] Es cierto que las redes neuronales y los abordajes de aprendizaje profundo han posibilitado recientemente que las computadoras se instruyan a sí mismas cómo realizar tareas complejas, como ganar juegos de GO,[26] y supongo que también sería posible —al menos en teoría— que las máquinas se enseñaran a sí mismas cómo actuar como un ser humano. No obstante, la simulación no es lo mismo que la duplicación: la mediación de la realidad no es equivalente a la realidad misma.

La tecnología no tiene ética, ¡ni debería tenerla! Al mismo tiempo, en esta era exponencial, los cerebros y cuerpos humanos están siendo tratados cada vez más como objetos similares a máquinas, como un sofisticado desafío de *wetware* (software biológico). Sólo podemos temblar al pensar en lo que podría ocurrir si las computadoras fueran programadas para poder emular e incluso desarrollar su propia ética y creencias de máquinas. En mi opinión, éste no es un camino que deberíamos seguir. La idea de conceder a las máquinas la posibilidad de "ser" podría realmente definirse como un crimen contra la humanidad.

¿Nacido y criado dentro de una máquina?

Por poner un ejemplo bastante estridente, consideremos el concepto cada vez más discutido y controvertido de la ectogénesis —la idea de literalmente criar a un bebé fuera del cuerpo de una mujer dentro de un útero artificial—.[27] Esto podría llegar a ser factible durante los siguientes 15-20 años, y representa un excelente ejemplo de cómo una actitud tecnológica de "sí podemos hacerlo" puede suprimir incluso las consideraciones humanas más básicas. Si bien el hecho de proceder con la reproducción humana de esta forma futurista implicaría para las mujeres un proceso menos arduo, más eficiente y a la larga probablemente más barato que el embarazo, creo que también sería absolutamente deshumanizante y perjudicial para un bebé que naciera por esta vía. No sé ustedes, pero me cuesta comprender el razonamiento de aquellos que desarrollan y promueven semejantes conceptos.

¿Es bueno para la humanidad? Una prueba básica

Ante estos cambios exponenciales y, consecuentemente, ante retos todavía más desafiantes para la humanidad, propongo que diseñemos una serie de preguntas para evaluar los nuevos avances científicos y tecnológicos. Por ejemplo:

- Esta idea, ¿viola los derechos humanos de cualquiera de los implicados?
- Esta idea, ¿busca reemplazar las relaciones humanas por relaciones con máquinas, o promueve de alguna forma este concepto?

- Esta idea, ¿pone la eficiencia por encima de la humanidad, y busca automatizar lo que no debería ser automatizado como, por ejemplo, las interacciones humanas esenciales?
- Esta idea, ¿pone un modo de pensar tradicional, centrado en el PIB (crecimiento y rentabilidad) por encima de los principios éticos más básicos?
- Esta idea, ¿reemplaza la búsqueda humana de la felicidad por un mero consumismo?
- Esta idea ¿automatiza aquellas actividades humanas nucleares que no deberían ser automatizadas a través de, por ejemplo, clérigos automatizados o terapeutas de inteligencia artificial (IA)?

Uno de mis autores de ciencia ficción favoritos, William Gibson, en una ocasión subrayaba que "las tecnologías son moralmente neutrales hasta que las aplicamos".[28] En efecto, esta observación aguda y frecuentemente citada es en extremo relevante para la situación que enfrentamos en este preciso momento, cuando la propia definición de lo que es un ser humano es cada vez más impactada por los avances tecnológicos exponenciales.

El reto del 90/10: en el punto de inflexión

Dado que estamos en el punto de inflexión de la curva exponencial, hoy tenemos una oportunidad única para impactar en el futuro. ¿Lograremos un 90% de resultados positivos ante estos avances tecnológicos, donde el restante 10% represente riesgos y retos manejables? ¿O, más bien, perderemos el control, dando la vuelta completa a esta proporción, desplomándonos hasta un mundo distópico de 10/90?

Los desarrollos tecnológicos hasta el momento han sido en su mayoría de naturaleza positiva. Los continuos avances en tecnologías solares y de baterías representan un enorme paso en la transición global hacia la sostenibilidad y formas de energía renovable, mientras que las más recientes aplicaciones del Internet de las cosas (IoT) están posibilitando un verdadero mar de cambios en áreas tan diversas como puertos inteligentes, ciudades inteligentes y agricultura inteligente.

No obstante, aunque hoy en día nos situamos en este 90% positivo, las consecuencias negativas relativamente menores están comenzando a propagarse con rapidez por una ausencia de suficientes inventores, científicos, emprendedores, y otros participantes del mercado que atiendan este fenómeno. En el caso del IoT (véase el capítulo 5), si se avanza de una manera incorrecta y sin precaución, es muy probable que acabe por convertirse en la mayor red de vigilancia y el mayor panóptico global jamás construidos.[29] Podríamos terminar siendo observados, monitoreados y rastreados desde cualquier ángulo, en todo momento, en cualquier lugar y de modo predeterminado, sin ningún tipo de control o alternativa.

Las tecnologías exponenciales poseen un potencial realmente asombroso para la humanidad, pero podríamos desperdiciarlo si no mantenemos una mirada holística, y olvidamos que el propósito de la tecnología y de los negocios en su conjunto debería ser la promoción de la prosperidad humana.

Tecnología, poder y responsabilidad

El poder trae consigo consecuencias —y ahora mismo estamos disfrutando de las capacidades tan grandes que ha desarrollado la tecnología, generalmente sin actuar responsablemente ante las consecuencias indeseadas y los cambios fundamentales que se están suscitando en el tejido social—.

Nos encanta conectarnos unos con otros y promocionarnos a través de Facebook, y muchos de nosotros disfrutamos del cosquilleo de cada *like*. Pero hasta ahora esta forma particular de pacto fáustico —las redes sociales, donde intercambiamos nuestros datos personales a cambio de poder usar una apasionante plataforma global— todavía no ha logrado verdaderamente responsabilizar a compañías como Facebook en cuanto al uso que dan a todas esas migajas digitales que han ido recolectando sobre nosotros. Y, claro está, Facebook es todo un maestro para eludir esta cuestión, pues el hecho de darnos más control sobre nuestros datos ciertamente no favorecería sus esfuerzos por ganar dinero, dado que su modelo de negocio subyacente es vendernos al mejor postor.

Facebook quiere que nos sintamos responsables por lo que estamos haciendo mientras nos divertimos en esta poderosa trampa de placer, y tal y como lo hace la Asociación Nacional del Rifle (NRA), sigue señalando que algunas personas usan la tecnología para hacer cosas malas, por lo que las compañías tecnológicas no serían realmente responsables. Al igual que la postura de la NRA, según la cual "las armas no matan personas, son las personas quienes matan personas", considero que ésta es una forma muy mísera de negar su responsabilidad ante aquello que posibilitan.

De forma similar, nos encanta utilizar Google Maps, Google Now, e incluso Google Home (un dispositivo del hogar al que se le puede hablar como si se tratara de un siervo robótico), para anticipar problemas de tráfico o para mandar una actualización a nuestras próximas citas. Sin embargo, no parece que hayamos encontrado un modo adecuado para responsabilizar a Google por extraer y luego vender nuestros metadatos (aunque de manera cruelmente anónima) a las compañías de marketing, o entregándolos a cualquier compañía de gobierno que ostente el sello de goma de la ley de vigilancia del espionaje exterior (Foreign Intelligence Surveillance Act / FISA). En breve será ya un hecho que la mayoría de nosotros utilizaremos asistentes digitales inteligentes [*intelligent digital assistants* (IDAs), por sus siglas en inglés] activados por voz en nuestros dispositivos móviles, aunque parece que a nadie se le imputará la responsabilidad de lo que puedan hacer tras bambalinas. Estos dispositivos estarán constantemente escuchándonos, pero no podremos tener control sobre ellos. En verdad estamos construyendo máquinas pensantes sin un plan responsable, y sin supervisión ni recursos legales.

Estamos entrando en un mundo en el que robots de software de asistentes inteligentes automatizados localizados en la nube (bots) pueden desempeñar todo tipo de tareas en representación de sus usuarios, como programar sus reuniones o hacer reservaciones en restaurantes. No seremos siquiera capaces de comprender la manera en que nuestros bots han tomado una u otra decisión y, no obstante, organizarán nuestras vidas cada vez más.

Estamos siendo testigos de una falta generalizada de previsión y de precaución en torno al uso e impacto de la tecnología. Esto se debe principalmente a que la responsabilidad sobre lo que la tecnología posibilita, en gran medida sigue siendo considerada como algo ajeno a aquellos que la generan y la comercializan —lo que constituye una actitud absolutamente insostenible hacia el futuro—. Esto me recuerda cómo durante mucho tiempo las compañías petroleras pudieron evadir su responsabilidad al considerar la polución y el calentamiento global como algo ajeno a su negocio, es decir, como algo que caía fuera del campo de su responsabilidad. Evidentemente, esta clase de aproximación hacia nuestro futuro no sería la adecuada, y muy probablemente tendría efectos desastrosos.

Tengo la profunda convicción de que urge ver más allá del crecimiento y la rentabilidad cuando se trata de tecnología que podría alterar radicalmente la existencia humana. Este imperativo moral rebasa incluso aquél de la era nuclear. Cito a J. Robert Oppenheimer, uno de los coinventores de la bomba nuclear, quien tras los bombardeos de Hiroshima y Nagasaki dijo: "Ahora me he convertido en la Muerte, en un destructor de mundos".[30] Al citar la escritura hindú, el *Bhagavad-Gita*, Oppenheimer estaba señalando una fase completamente nueva de la evolución humana. Ahora mismo estamos experimentando inconscientemente algo incluso más grande.

"Como argumentaré, la IA es una tecnología de uso dual como lo es la fisión nuclear. La fisión nuclear puede iluminar ciudades o incinerarlas. Su terrible poder resultaba inimaginable para la mayoría de las personas antes de 1945. Con la IA avanzada es como si estuviéramos ahora mismo en la década de los treinta. Es poco probable que logremos sobrevivir a una introducción tan abrupta como lo fuera la de la fisión nuclear". — James Barrat, Our Final Invention: Artificial Intelligence and the End of the Human Era (Nuestro último invento: la inteligencia artificial y el fin de la era humana).[31]

La tecnología no se refiere a aquello que buscamos, sino a cómo lo buscamos

La tecnología, independientemente de cuán mágica parezca ser, es simplemente una herramienta que utilizamos para lograr algo: ¡La tecnología no se refiere a aquello que buscamos, sino a cómo lo buscamos! La palabra tecnología deriva de la raíz griega *techne*, que se refiere a "llevar algo de lo verdadero a lo bello", y al mejoramiento de las habilidades de los artífices y artesanos a través del uso de dichas herramientas.[32] Los filósofos griegos también concibieron la tecnología como una actividad humana innata —inventamos y perfeccionamos herramientas todo el tiempo, pues esto forma parte de la naturaleza humana—.

Hoy en día, sin embargo, estamos dirigiéndonos hacia un futuro en el que está empezando a darse una sorprendente inversión de ese propósito original de las herramientas: el filósofo e intelectual Herbert Marshall McLuhan, en una ocasión sugirió que las herramientas que hemos generado han empezado a moldearnos e incluso a inventarnos.[33] Esto, llevado a extremos exponenciales, podría ser la perversión del objetivo original de la *techne*. ¡Sólo podríamos jugar a ser Dios por un tiempo muy breve!

Es cierto que se podría argumentar que la tecnología siempre ha impactado y modificado a la humanidad; pero, entonces, ¿qué hay de nuevo en todo esto y por qué tendríamos que preocuparnos? ¿No se trata sólo de uno de tantos ejemplos del mismo flujo de la *techne*?

Pensemos cómo la tecnología bajo su significado original de *techne* era considerada una mera herramienta para mejorar nuestras capacidades y nuestro desempeño, nuestra productividad, nuestros alcances y nuestras posibilidades. Podemos apreciar esto en inventos tales como la máquina de vapor, el teléfono, el automóvil y el Internet. La tecnología no nos potenció totalmente, sino que sólo lo hizo al nivel de nuestras acciones y posibilidades externas. Ninguno de estos avances tecnológicos nos cambió desde dentro, materialmente como humanos, a un nivel profundo e irreversible en lo neurológico, en lo biológico, e incluso en lo psicológico o en lo espiritual. El uso de estas tecnologías en realidad no nos estaba haciendo exponencialmente más poderosos, al menos no en el sentido de encontrarnos en el punto de inflexión de la curva exponencial.

Si bien la invención de la máquina de vapor representó una enorme diferencia durante la era industrial, éste era todavía un punto muy temprano en cuanto a la curva exponencial se refiere. En contraste, el surgimiento de la robótica avanzada y de la automatización generalizada del trabajo, que de ahí derivarían, están sucediendo en un punto de inflexión en dicha escala (cuatro) —y es ahí precisamente donde radica la diferencia—. Se trata de algo distinto en términos de magnitud, no sólo una diferencia de forma, sino de fondo.

Algoritmos *versus* androritmos

En gran medida, ser humano trata sobre aquellas cosas que no podemos —al menos en el futuro previsible— ni calcular, ni medir, ni definir algorítmicamente, ni simular, ni comprender por completo. Lo que nos hace humanos no es algo matemático, ni siquiera meramente químico o biológico. Implica aquellas cosas que pasan en su mayor parte desapercibidas, sin ser dichas, subconscientes, efímeras, y que escapan la objetivación. Éstas son las esencias humanas a las que denomino androritmos, mismos que debemos conservar a toda costa, incluso si parecen ser torpes, complicados, lentos, riesgosos o ineficientes a comparación de los sistemas no biológicos, las computadoras y los robots.

No hemos de intentar reparar, arreglar, reformar ni erradicar aquello que nos hace humanos; más bien, deberíamos diseñar la tecnología para conocer y respetar estas diferencias, así como para protegerlas. Desafortunadamente, la reducción lenta pero sistemática de los androritmos —aquellos rasgos elusivos que nos hacen humanos— e, incluso, su eliminación, están comenzando a ocurrir por doquier. Por ejemplo, las redes sociales nos permiten crear nuestros propios perfiles según nos parezca conveniente, dándonos la posibilidad de divertirnos con nuestras identidades fabricadas, en lugar de luchar con la que de hecho poseemos en la vida real, también conocida como nuestro *meatspace*, nuestro mundo de carne y hueso.

Todo esto podría parecer positivo, pero también podría tornarse muy negativo de ser llevado al extremo. Si bien es cierto que existen traslapes entre nuestras identidades en las redes sociales y en la vida real, la cualidad socializante cara a cara y corpórea de los androritmos está siendo progresivamente reemplazada por pantallas ingeniosas y algoritmos astutos, como aquellos utilizados para la gestión de contenidos en línea y la formación de parejas. Ahí podemos adoptar la forma que queramos, haciendo uso de tecnologías en su mayor parte gratuitas pero no por ello menos poderosas; no tardaremos en empezar a percibirnos como lo que el Dr. Jesse Bailey describe como "productos tecnológicos de nuestro propio control racional de cálculo".[34] No es de sorprender el número creciente de personas que se sienten muy solas e incluso deprimidas en las redes sociales.[35]

El brillante —aunque políticamente hablando un tanto descarrilado— filósofo alemán Martin Heidegger, afirmó en su libro *Sein und Zeit* (*Ser y tiempo*) que "el ser humano es la única entidad que en cuanto que su ser está en cuestión para él mismo".[36] La palabra alemana *Dasein* (ser-ahí) realmente lo describe mejor.

El *Dasein* apunta al corazón de la diferencia entre el hombre/mujer y la máquina, y constituye un tema importante a lo largo de todo este libro: ese ser sensible que se encuentra en lo más profundo de nuestros deseos humanos —la mente, el espíritu o el alma, esa parte elusiva de nosotros mismos que no podemos del todo definir ni localizar pero que, no obstante, rige nuestras vidas —.

STEM y CORE

Lo esencial aquí es que la magnitud de los misterios humanos —la interacción entre el cuerpo y el alma, entre la biología y la espiritualidad, aquello que no es racional, ni calculable, ni copiable, ni objeto de diseño— minimiza todavía enormemente el alcance de la ciencia, de la tecnología, de la ingeniería y de las matemáticas (Science, Technology, Engineering, Mathematics / STEM). Por lo tanto, no deberíamos antropomorfizar demasiado nuestras tecnologías, ni confundir nuestras prioridades cuando se trata de decisiones y elecciones sociales importantes, ni tampoco deberíamos olvidar nuestra responsabilidad al aventurarnos a crear tecnología que podría rebasarnos.

Independientemente de lo mucho que me fascinan los descubrimientos de las STEM, opino que debemos crear con urgencia un contrapeso que amplifique la importancia de los factores verdaderamente humanos. En contraste con el acrónimo STEM, he comenzado recientemente a proponer el acrónimo CORE: creatividad/compasión, originalidad, reciprocidad/responsabilidad, y empatía.

La cuestión inmediata no es tanto un potencial aniquilamiento de la humanidad a manos de las máquinas sino, más bien, el que seamos atraídos hacia los maravillosos agujeros de gusano, los mundos virtuales y las simulaciones de la tecnología, con la consecuente reducción y posterior destrucción de aquellas cosas que nos hacen humanos.

¿Podríamos acabar por preferir la tecnología por encima de la humanidad?

Por ahora y en el futuro cercano, incluso nuestras mayores tecnologías sólo podrán simular al ser humano (*Dasein*) de alguna u otra forma, pero no podrán volverse realmente humanas. Consecuentemente, por ahora el principal reto no es si la tecnología reemplazará o, incluso, aniquilará a la humanidad, sino si podría ocurrir que empecemos a preferir las magníficas simulaciones —proporcionadas magistralmente y a bajo precio por máquinas— en lugar de nuestra realidad corporal. En otras palabras, ¿acabaremos por preferir las relaciones con máquinas en lugar de las relaciones con personas?[37]

¿Será que dentro de poco estaremos satisfechos teniendo conversaciones con nuestros asistentes digitales inteligentes, consumiendo alimentos impresos en 3D, viajando instantáneamente a mundos virtuales, ordenando servicios personalizados por encargo, enviados a nuestras casas inteligentes por medio de drones o a través de la nube, y literalmente siendo atendidos por robots?[38]

¿Acaso se impondrán estos medios tan convenientes, baratos y fáciles de usar (y que, sin duda alguna, no tardarán en ser totalmente reales), así como la propensión tan humana hacia la pereza, sobre nuestra necesidad de interacciones *wetware* y nuestras experiencias reales? Quizá todavía sea difícil imaginarse todo esto hoy en día, pero dentro de menos de diez años podría llegar a ser más que probable. Quizá el "¿y si…?" ya se ha convertido en "¿y ahora, qué?".

Ya estamos siendo testigos de tecnologías como la realidad aumentada (RA) y la realidad virtual (RV), los hologramas y las interfaces cerebro-computadora (ICC), facilitando enormemente el aumento o simulación de realidades que solían reducirse a experiencias exclusivas de los sentidos humanos, pero que gradualmente, y luego súbitamente, han incrementado la probabilidad de que empecemos a confundir lo uno con lo otro.

Interfaces y ética

Preveo que en tan sólo unos cuantos años el uso de la RA y de la RV se volverá tan normal como el envío de mensajes y la comunicación a través de aplicaciones como lo hacemos hoy en día. Imaginemos ahora qué podría ocurrir con el modo en el que vemos el mundo si millones de personas empiezan a utilizar este tipo de dispositivos. ¿Será humano el hecho de estar constantemente aumentados de esta manera? ¿Quién será responsable de definir los principios del aumento de los sentidos humanos —por ejemplo, ¿sería legal (o, de hecho, ético) ver una imagen sexual artificialmente simulada de una persona, fusionada a su cuerpo real, mientras hablamos con ella?—. ¿Podríamos ser despedidos por rehusarnos a trabajar en mundos de RV? O, incluso peor, ¿querríamos acaso regresar a un mundo sin RA/RV cuando se hayan vuelto tan envolventes y estén disponibles en cualquier lugar?

Por último, pero no por ello menos importante: ¿quiénes serán los administradores de esta nueva era de aumento sensual por medio de la RA y la RV? Las tecnologías de viajes virtuales como Oculus Rift de Facebook, las Samsung Gear VR, o el HoloLens de Microsoft, están apenas empezando a darnos una sensación muy real de lo que sería descender por el río Amazonas en balsa o escalar el monte Fuji. Estas experiencias, ya de suyo muy interesantes, verdaderamente cambiarán nuestra forma de experimentar la realidad, nuestro modo de comunicarnos, de trabajar y de aprender. Pero, ¿podemos o deberíamos impedir que los futuros proveedores de estas experiencias nos presentaran siempre sólo versiones "adulteradas" de la realidad —por ejemplo, limpiando los barrios pobres de Mumbai cada vez que los atravesáramos en un taxi?

¿Seguiremos siendo humanos si empezamos a preferir la experiencia del mundo de esta manera? ¿Hay algo que podamos hacer para evitar que tanto la RA como la RV se conviertan en las herramientas estándar de la sociedad, tal y como hoy en día lo son los dispositivos móviles y las redes sociales? ¿Podríamos proponer que sean usadas con moderación, como si fueran una especie de televisión increíble, o tendríamos la tentación de considerar que el mundo cotidiano y no aumentado es realmente aburrido? Sólo pensemos en todos esos niños para los que hoy en día el hecho de ir a la playa sin conexión Wi-Fi es un verdadero fastidio. Todos estos son dilemas reales que no podrán resolverse a través de respuestas del tipo sí o no. Más bien, requerirán de un abordaje equilibrado, situacional, y centrado en lo humano.

Pensemos en cómo sigue habiendo una enorme distancia entre estos nuevos modos de experimentar realidades alternas y la vida real. Figúrense a sí mismos en el centro de un bazar atiborrado de gente en Mumbai, India, por tan sólo dos minutos. Luego, contrasten los recuerdos que habrían acumulado en ese tiempo tan breve a comparación de los que habrían tenido a través de una experiencia mucho más prolongada, utilizando los sistemas más avanzados disponibles hoy en día o en el futuro cercano. Los olores, los sonidos y las imágenes, sus reacciones corporales, el asalto general a sus sentidos: estas experiencias son mil veces más intensas que lo que los artificios más avanzados, impulsados por ganancias tecnológicas exponenciales, podrían llegar a simular.

Ésta es la diferencia entre una experiencia holística, encarnada, contextual y plena, y una simulación generada por una máquina. Sin embargo, no es malo que haya excelentes simulaciones: siempre y cuando sepamos que se trata de una simulación, y no nos tiente a "preferirla más que a nosotros", podremos utilizarla principalmente para fines buenos.

Las tecnologías visuales están destinadas a volverse casi infinitamente mejores en el futuro próximo y, conforme el tiempo avance, aumentará la tensión y quedarán todavía más difuminados los límites entre los seres humanos y las máquinas. En cuanto podamos literalmente entrar en la escena de una película gracias a la RV, las capacidades de nuestras propias mentes y de nuestra imaginación podrían ser superadas para siempre.[39] Y eso es exactamente lo que tanto me emociona y al mismo tiempo tanto me preocupa. ¿Estamos diseñados para esto? ¿Estamos diseñados para este tipo de virtualidad? ¿Tendrá que modificarse nuestra propia constitución a raíz de todo esto? ¿Cómo lo haríamos? ¿Necesitaremos acaso de nuevos circuitos no biológicos para poder funcionar?

Independientemente de las respuestas a estas preguntas, si el progreso exponencial llegara a significar que nuestros cuerpos ya no fueran un elemento central para nuestra identidad, entonces habremos cruzado el umbral y nos habremos vuelto semejantes a las máquinas. ¿Quedaría acaso nuestra humanidad disminuida si nuestras capacidades biológicas de cálculo requirieran constantes actualizaciones con tal de seguir siendo útiles? Llegado ese punto, muy seguramente habríamos renunciado al 95% de nuestra capacidad a favor de "convertirnos en las herramientas que hemos creado".[40]

La inteligencia artificial y el obscurecimiento de las fronteras humanas

Dada la escala de su posible impacto, deberíamos detenernos a considerar el papel de la IA en el oscurecimiento de la distinción entre humanos y máquinas. Pensemos en DeepMind, una empresa líder de IA en Londres, adquirida por Google en 2015. En febrero del 2016, en una entrevista realizada por *The Guardian*, el CEO de DeepMind, Demis Hassabis, resaltaba el potencial de la IA:

> Existe tal sobrecarga de información que se está volviendo difícil incluso para los seres humanos más inteligentes poder dominarla en el transcurso de sus vidas. ¿Cómo podemos filtrar toda esta avalancha de información para encontrar las ideas correctas? Una forma de concebir la inteligencia artificial general es como un proceso que automáticamente transformaría información carente de estructura en conocimiento procesable. Aquello en lo que estamos trabajando ahora podría potencialmente convertirse en una meta-solución a cualquier problema.[41]

¿En qué podría traducirse esta gran declaración en la práctica? Imaginemos una sociedad en la que la tecnología —y particularmente la IA— proveyera las meta-soluciones a cualquiera de los retos percibidos por la sociedad, desde enfermedades, el envejecimiento y la muerte, hasta el cambio climático, el calentamiento global, la producción energética, la producción de alimentos, e incluso el terrorismo. Imaginemos la inteligencia de una máquina que pudiera calcular fácilmente más información de la que podríamos llegar a comprender, una máquina que literalmente podría leer toda la información mundial en tiempo real, todo el tiempo y en cualquier lugar. Dicha máquina (y quienes la poseyeran u operaran) pasarían a ser una especie de cerebro global, inconcebiblemente poderoso, al grado de trascender toda comprensión humana. ¿Es ahí a dónde compañías como DeepMind y Google quieren conducirnos y, de ser así, cómo sería posible que conserváramos nuestras cualidades humanas en dicho escenario?

> *"La atribución de inteligencia a las máquinas, a multitud de fragmentos u otras deidades nerd, más que iluminar no hacen sino obscurecer. Cuando a las personas se les dice que una computadora es inteligente, entonces tenderán a transformarse ellas mismas con tal de que la computadora funcione mejor, en lugar de exigir que la computadora cambie para ser más útil"*. — *Jaron Lanier*, You Are Not a Gadget (No eres un *gadget*)[42]

¿Puede la tecnología captar lo que realmente importa?

Imaginemos que de hecho existiera una máquina así, una IA en la nube (y, en realidad, no estamos tan lejos de que surjan sus primeras ediciones). ¿Realmente podría leer, comprender y apreciar aquellas interacciones entre seres humanos que no son expresadas al modo de datos? ¿Podría comprender al *Dasein*, al hecho de ser?

Independientemente de los beneficios tecnológicos exponenciales que ciertamente surgirían, el modo humano de ser y de experimentar las cosas continúa siendo dramáticamente diferente al modo en que las tecnologías capturan esos mismos momentos que son importantes para nosotros. Incluso las mejores fotografías, videos y rastros de datos no son sino meras aproximaciones de lo que sería realmente estar ahí —el contexto, la experiencia encarnada, y la plenitud de ese momento único que en cierta forma reside en nosotros—.

Algunos filósofos han sostenido que nunca logramos realmente captar, retener o reproducir lo que verdaderamente importa. Si eso es cierto, ¿cómo podríamos tener la esperanza siquiera de captar algún tipo de humanidad simulada dentro de una máquina? ¿No estaríamos acaso incurriendo en el propio riesgo de perder el 95% de lo que nos hace humanos, en cuanto pretendiéramos "superar las limitaciones de la biología", como sugiere el movimiento transhumanista?

Wikipedia define el transhumanismo como:

> … un movimiento cultural e intelectual internacional que tiene como objetivo final transformar la condición humana mediante el desarrollo y fabricación de tecnologías ampliamente disponibles, que mejoren las capacidades humanas, tanto a nivel físico como psicológico o intelectual.[43]

Esta promesa inquietante de que "mejoren las capacidades humanas" es exactamente lo que más me preocupa sobre el transhumanismo. Por atractivo que sea mejorar mis capacidades, me parece que son los propios negocios, plataformas y tecnologías que proveen los medios necesarios para estas mejorías los que acabarán beneficiándose más de este concepto. Ciertamente, dichas compañías incrementarán en gran medida su poder, su alcance y su valor de mercado, mientras que los individuos humanos tendrán que esforzarse cada vez más para estar al nivel de sus hermanos optimizados. El negocio de reemplazar las experiencias androrítmicas, intrínsecamente humanas, por algoritmos, software e IA que nos prometen un poder semejante al de un dios, alcanzará ciertamente enormes proporciones, pero, ¿será esto en sí mismo un beneficio? ¿Deberíamos entregar nuestro futuro a quienes quieren convertirlo en un sistema operativo (SO) en una nube gigante, por generar sumas ingentes de dinero?

> *"Lo que estoy diciendo es que somos como dioses, y debemos volvernos buenos en ello". — Stewart Brand*[44]

Como caso concreto, muchos evangelistas del transhumanismo esgrimen sin gran dilación que los seres humanos son sólo *wetware* que requiere de algunas optimizaciones y reparaciones urgentes. Arguyen que no somos lo suficientemente listos, rápidos, grandes o ágiles. A su modo de ver, los seres humanos simplemente necesitan actualizaciones de software y de hardware, en su mayor parte porque éstas representarían el fin del envejecimiento, e incluso el fin de la muerte.

¿Acaso el hecho de convertirnos en máquinas, ya sea parcial o completamente, representa el siguiente paso en nuestra evolución? ¿Estamos destinados a dejar atrás nuestras limitaciones biológicas y aumentarnos a nosotros mismos a través de la tecnología?

El concepto de equiparar a los seres vivos con máquinas no es algo nuevo; ya en el siglo XVI, el gran filósofo racionalista René Descartes había comparado a los animales con autómatas muy complejos.[45] Hoy en día muchos tecnólogos están reviviendo este concepto, al que suelo llamar el "pensamiento de las máquinas", cuando se propone que todo lo que nos rodea —y todo lo que acontece en nuestro interior— puede pensarse como un aparato que puede ser alterado, arreglado o duplicado. Para ellos, la existencia humana no es sino ciencia muy sofisticada.

Por ejemplo, el hecho de medicarnos para disminuir nuestros niveles de colesterol o nuestra presión arterial, o para evitar un embarazo, ya representan en sí intrusiones importantes aunque muy extendidas en el funcionamiento natural del cuerpo. Sin embargo, los siguientes pasos en la innovación médica podrían generar un nivel de impacto de magnitudes insospechadas. Algunos ejemplos incluyen el implante de componentes no biológicos en el cuerpo humano (como nanobots introducidos en el torrente sanguíneo para tratar problemas de colesterol), la alteración de nuestros propios genes para evitar enfermedades (o programar a nuestros bebés), o el implante de dispositivos de simulación cognitiva en nuestros cerebros para mejorar nuestro desempeño.

¿Es ésta nuestra evolución ineludible o, más bien, una bizarra búsqueda de poderes sobrehumanos que desafía nuestra propia naturaleza, diseño y propósito? ¿Está la humanidad realmente destinada a crearse nuevamente a sí misma, a programarse, a tener opciones ilimitadas sobre lo que podemos llegar a ser, a nunca morir, a… convertirse en Dios? Incluso si no son religiosos (y, sólo por dejarlo claro, yo ciertamente no lo soy), esta pregunta sigue estando al centro de la cuestión.

La felicidad humana y su prosperidad global y colectiva no se incrementarán por el mero hecho de asemejarnos cada vez más a las máquinas, obteniendo así una especie de súper-poder (aunque esto no ocurrirá en el futuro cercano). En cambio, sostengo que deberíamos poner en entredicho las premisas centrales del transhumanismo (como sería la idea de trascender nuestras limitaciones biológicas) en lugar de simplemente aceptarlas como inevitables.

También es importante aceptar y ser conscientes de que nuestra humanidad es en realidad algo con lo que deberíamos y tenemos que lidiar; se trata de algo que tenemos que proteger y que deberíamos esforzarnos por conservar. Las relaciones significativas suelen ser el resultado de luchas y conflictos, y el amor nunca se mantiene dejando sólo que las cosas ocurran. El hecho de ser humanos no es algo que podamos —ni debamos— simplemente consumir adquiriendo tecnología sofisticada de algún tipo. No existe una aplicación para eso.

¿Cómo sería un futuro que tendiera un puente entre los transhumanistas y los humanistas exponenciales como yo? ¿Existe una vía media entre la tecnología y la humanidad? ¿Qué aspecto tendría?

Creo que esta camino intermedio existe, y estoy llevando a cabo la misión de definirlo.

Capítulo 3
Los mega-cambios

Los cambios tecnológicos están renovando el cableado social
y transformando el panorama.

Creo que el choque ya próximo entre hombre y máquina será intensificado y elevado a niveles exponenciales a través de los efectos combinatorios de diez grandes cambios o, si me lo permiten, "mega-cambios", a saber:

1. Digitalización (*digitization*)
2. Movilización (*mobilization*)
3. Pantallización (*screenification*)
4. Desintermediación (*disintermediation*)
5. Transformación (*transformation*)
6. Inteligización (*intelligization*)
7. Automatización (*automation*)
8. Virtualización (*virtualization*)
9. Anticipación (*anticipation*)
10. Robotización (*robotization*)

Lo que un cambio de paradigma es respecto al pensamiento y a la filosofía, un mega-cambio representa un enorme paso evolutivo para la sociedad, que en primera instancia parecería gradual, pero cuyo impacto acabaría siendo muy súbito. A continuación exploro la naturaleza de estos mega-cambios para luego proceder a describir cada uno de ellos y sus implicaciones potenciales.

Exponenciales y simultáneos

Muchas de las grandes innovaciones del mundo surgieron hace décadas, incluso siglos atrás, antes de que terminaran por filtrarse en la sociedad humana. Con frecuencia ocurrieron de una manera relativamente secuencial, cada una seguida de la otra, levantándose sobre las innovaciones anteriores. En contraste, aunque los mega-cambios también podrían crecer lentamente, muchos de ellos nacieron al mismo tiempo. Y, a su vez, ya han comenzado a filtrarse en la sociedad de manera simultánea y a mucha mayor velocidad.

Los mega-cambios representan retos inmediatos y complejos, cuya naturaleza es distinta a las fuerzas que han arrasado a la sociedad y a los negocios en el pasado. Una de las diferencias clave en este caso, es que para un número relativamente pequeño de organizaciones e individuos que anticipen y encuentren formas de explotar y abordar un mega-cambio, será altamente probable que encuentren áreas de oportunidad y que puedan obtener los mayores beneficios. Quizá ya estén familiarizados con estos términos, pero me gustaría que se los imaginaran ahora como diferentes fuerzas tecnológicas que, en combinación, podrían crear una tormenta perfecta para la humanidad. ¿Tecno-estrés? Los retos que hemos experimentado hasta ahora ni siquiera podrán ser registrados en la escala de estrés a comparación de lo que se avecina.

Mega-cambio 1: Digitalización

Todo lo que pueda ser digitalizado, será digitalizado. La primera ola de digitalización incluyó la música, luego las películas y la televisión, luego los libros y los periódicos. Ahora mismo está ejerciendo su impacto en el dinero, la banca, los seguros, la atención sanitaria, las farmacéuticas, el transporte, los automóviles y las ciudades. Dentro de poco también observaremos impactos transformativos a nivel de la logística, la mensajería, la manufactura, la alimentación y la energía. Es importante resaltar que cuando algo es digitalizado y subido en la nube, también con frecuencia se vuelve gratuito o al menos muchísimo más barato. Pensemos por ejemplo en lo que ocurrió en el caso de Spotify: en Europa, un CD individual de 12 canciones solía costar alrededor de €20 Euros (unos $22 USD) — pero ahora podemos adquirir 16 millones de canciones por €8 Euros (unos $9 USD) al mes, o escucharlas gratuitamente en YouTube—.

Aunque soy un fiel y feliz suscriptor de Spotify, y verdaderamente lo disfruto, este tipo de darwinismo digital destructor de márgenes comerciales está generando enormes cambios en los modelos de negocio, orillando a la mayoría de quienes se encuentran en turno a transformarse o perecer. En mi libro del 2005 *The Future of Music* (*El futuro de la música*, en Berklee Press), discuto extensamente lo que para mí es una certeza —que los grandes sellos discográficos que controlaron la industria musical durante décadas dejarán de existir, porque la distribución de la música ya no es un negocio viable—.[46]

De hecho, Sir Paul McCartney es famoso por haber comparado a los dueños en turno de los sellos discográficos con dinosaurios que se preguntan qué ocurrió después del asteroide.[47] Aunque se trata de una imagen acertada del "latigazo psíquico" que está siendo experimentado por quienes encabezaban este reino que antes fuera tan lucrativo, no capta del todo la enorme velocidad de esta extinción. Los cocodrilos sobrevivieron y algunos dinosaurios evolucionaron convirtiéndose en pollos —pero los mega-cambios digitales no rinden tributo a la historia ni tampoco hacen prisioneros—.

En el 2010 acuñé la frase "aquellos antes conocidos como consumidores"; para ellos, la digitalización muchas veces implica productos más baratos y una disponibilidad mucho más amplia.[48] Esto en general sería positivo pero, de nueva cuenta, productos más baratos también pueden traducirse en un menor número de trabajos y en salarios más bajos. Pensemos por ejemplo en la digitalización de la movilidad a través de Uber y sus rivales alrededor del mundo, como Lyft, Gett y Ola Cabs en India. Hoy en día podemos pedir un taxi a través de una aplicación en nuestro teléfono inteligente, lo que muchas veces será más barato que la competición en turno. Sin embargo, a la larga ¿les servirá esta economía a los taxistas, o estamos adentrándonos en una economía "de los pequeños encargos" o "bolos" (*gig economy*), una situación en la que todos trabajaríamos por una multitud de encargos autónomos y relativamente mal pagados, en lugar de trabajos estables?[49]

Independientemente de los retos sociales, la acelerada digitalización, automatización y virtualización de nuestro mundo probablemente sea inevitable. En la práctica, este ritmo en ocasiones será limitado por leyes fundamentales de la física para los que actualmente todavía no tenemos solución, como los requerimientos energéticos de las supercomputadoras, o el tamaño mínimo requerido por un chip de computadora —dos ejemplos frecuentemente citados para demostar por qué la ley de Moore no perdurará por siempre—.

El supuesto de una penetración continua y masiva de la tecnología, apunta hacia un futuro en el que todo aquello que no pueda ser digitalizado y/o automatizado se volverá extremadamente valioso (véase *Automatizando la sociedad*, en el capítulo 4). Como se discutió en el capítulo 2, los androritmos captan algunas de las cualidades esenciales de los seres humanos, como serían las emociones, la compasión, la ética, la felicidad y la creatividad.

A pesar de que los algoritmos, el software y la inteligencia artificial (IA) irán progresivamente "comiéndose el mundo" (como le gusta decir al inversor de capital de riesgo Marc Andreessen),[50] debemos dar el mismo valor a los androritmos —aquellas cosas que nos hacen propiamente humanos—.

Conforme vayan volviéndose más baratos y más abundantes una serie de productos que antes eran caros, los androritmos deberán ocupar un papel central junto a la tecnología, si queremos seguir siendo una sociedad preocupada por la prosperidad humana. ¡Claro que no querríamos pasar del software que se come al mundo a un software que engaña al mundo!

Por ejemplo, preveo que en el futuro cercano seremos testigos de un cambio en el modo en que las organizaciones conciben las métricas de los negocios, como los indicadores clave de desempeño (ICD) —un término de amplio uso para el establecimiento de metas y para los recursos humanos—. Nuestros ICDs del futuro ya no estarían basados meramente en contabilizar y calificar nuestros logros profesionales a partir de hechos y datos cuantificables como el número de unidades vendidas, la cantidad de contactos de clientes, las evaluaciones de satisfacción, o la tasa de conversión de clientes. Más bien, veremos un aumento en lo que llamo los "indicadores clave humanos", que reflejarían un abordaje mucho más holístico y sistémico para evaluar las contribuciones de las personas. ¡No deberíamos buscar empleados cuantificados, sino seres humanos cualificados!

Como ocurre con todos los mega-cambios, la digitalización es tanto una bendición como una maldición y, sea como sea, no se trata de algo que podamos simplemente apagar o frenar significativamente —por lo tanto, es imprescindible que nos preparemos como corresponde—.

Mega-cambio 2: Movilización y mediación

La informática ya no es algo que hagamos principalmente en las computadoras, sino que para el 2020 incluso esa idea parecerá más bien arcaica. La informática se ha convertido en un elemento invisible y arraigado en nuestras vidas, a cuestas con lo que solíamos llamar teléfonos móviles. La conectividad se ha transformado en nuestro nuevo oxígeno, mientras que la informática ha pasado a ser nuestra nueva agua. Tanto la conectividad como la capacidad informática casi ilimitadas se convertirán en la nueva norma.

La música es móvil, las películas son móviles, los libros son móviles, la banca es móvil, los mapas son móviles… y la lista sigue creciendo. El hecho de la movilización también implica que la tecnología se ha vuelto cada vez más cercana a nosotros (y, dentro de poco, incluso estará dentro de nosotros) —de mi escritorio a mi mano o a mi muñeca a través de dispositivos portables como relojes, y luego hasta mi rostro bajo la forma de gafas o lentes de contacto de realidad aumentada (RA) o de realidad virtual (RV) y, dentro de poco, directamente en mi cerebro a través de interfaces cerebro-computadora (ICC) o implantes—.

Como Gartner sugiere, sincronízame, conóceme, rastréame, veme, escúchame, compréndeme… sé yo mismo —hacia allá nos está dirigiendo la movilización—.[51]

> *"Llegará un momento en el que ya no digamos 'me están espiando a través de mi teléfono', sino que diremos 'mi teléfono me está espiando'".* —Philip K. Dick[52]

Cisco prevé que para el año 2020 alrededor del 80% del tráfico mundial de Internet tendrá lugar a través de dispositivos móviles, desde los que podremos realizar casi todo lo que solíamos hacer exclusivamente en equipos de escritorio.[53] Éste ya es el caso en profesiones tan diversas como los diseñadores gráficos, los ingenieros de telecomunicaciones, así como los organizadores y proveedores de servicios logísticos. Y gran parte de estas tareas se realizan a través de la voz, del tacto, de gestos y de IA—¡no más mecanografía!

El rápido aumento de la digitalización y de la movilización también ha dado pie a la transformación en medios audiovisuales (*mediazation*) o grabación de todo, así como a la transformación en datos (*datafication*) de la información, donde cosas que antes no eran consideradas datos por su formato analógico —como la información médica compartida en una conversación con mi doctor— han migrado a la nube como registros electrónicos. Mucho de lo que solía ser compartido y experimentado sin gran necesidad de la tecnología, a través de interacciones de persona a persona, hoy en día está siendo captado, filtrado o transmitido por medio de dispositivos inteligentes equipados con poderosas pantallas.

Las imágenes y los recuerdos que históricamente solíamos almacenar exclusivamente en nuestro hipocampo biológico, hoy en día están siendo rutinariamente absorbidos por nuestros dispositivos móviles, siendo compartidos en línea a un ritmo de más de dos mil millones de imágenes al día.[54] Deloitte Global calcula que a nivel colectivo las personas compartirán más de un billón de imágenes en línea en el 2016.[55]

Las noticias, que antes solían estar en formato impreso, hoy en día son transmitidas a través de distintas aplicaciones, volviéndose así líquidas y maleables. Las citas sociales, que solían iniciar en cafeterías o bares, ahora son agilizadas gracias a unos cuantos pases sobre una aplicación. Los restaurantes, que solían ser descubiertos gracias a las recomendaciones de nuestros buenos amigos, ahora son identificados a través de mecanismos de valoración en línea, que contienen las reseñas de los usuarios y páginas web que ofrecen vistas panorámicas de sus cocinas (¡y de sus platillos!). Las consultas médicas, que solían involucrar a médicos y enfermeras locales, hoy en día se realizan a través de dispositivos que prometen un mejor diagnóstico médico, desde nuestros propios hogares, y por una fracción del costo. Scanadu, por ejemplo, es un dispositivo de diagnóstico remoto que mide los signos vitales —incluyendo lecturas de la sangre— y que se conecta con la nube para generar un análisis instantáneo.[56] Muchas experiencias que solíamos tener a través de la interacción cara a cara con personas, hoy en día están siendo transformadas en medios audiovisuales. La cuestión de fondo es que todo lo que pueda ser movilizado muy probablemente lo será, pero no por ello toda experiencia móvil debería ser transformada en medios audiovisuales.

También debemos considerar la posibilidad de que el imperativo tecnológico reinante de "hacerlo porque puede hacerse" quizá ya no sea una maniobra inteligente. Los avances tecnológicos exponenciales nos permitirán realizar tareas mucho más amplias y complejas, incluyendo actividades que ejercerán un impacto material en nuestra conducta y en nuestras experiencias como humanos— aunque no siempre de una forma positiva—.

Pensemos, por ejemplo, en la posibilidad antes poco realista y hoy factible de rastrear a cada una de las personas que usen Internet a través de sus *gadgets* móviles. En efecto, nuestros dispositivos "siempre encendidos" nos ofrecen los beneficios de una conectividad total y un monitoreo constante de nuestras actividades, a través de aplicaciones con las que podemos registrar nuestra salud, o bien, dispositivos que contabilicen el número de pasos que demos. Sin embargo esto también nos vuelve extremadamente rastreables, nos deja al desnudo, nos hace predecibles, manipulables y, en definitiva, programables.

Expongo aquí algunas preguntas críticas que deberíamos hacernos al determinar el grado en el que queremos que la tecnología intervenga en nuestras experiencias humanas:

- ¿Realmente necesitamos fotografiar o grabar todo lo que nos rodea para crear un recuerdo completo de nuestras vidas en "la máquina en la nube"?
- ¿Realmente tenemos que compartir todo aspecto de nuestras vidas en plataformas digitales y en redes sociales? ¿Esto hace que nos veamos (y que nos sintamos) más como máquinas o más como humanos?
- ¿Realmente tenemos que depender de aplicaciones de traducción en vivo y en tiempo real, como SayHi o Microsoft Translate, para poder hablar con alguien en otro idioma? Cierto, puede ser muy útil si estamos atravesando un aprieto, pero también puede establecer otra barrera de medio audiovisual/dispositivo entre nosotros y otras personas; se convierte en una intervención de medios audiovisuales que interrumpe un proceso exclusivamente humano. Nuevamente, aquí no hay respuestas del tipo sí o

no, sino que se vuelve necesario encontrar un nuevo equilibrio.

Mega-cambio 3: La pantallización y las (r)evoluciones de las interfaces

Desde mecanografiar, hasta tocar y hablar, casi todo lo que solíamos consumir por vía impresa está actualmente migrando a las pantallas. Esta (r)evolución de interfaz significa que es muy probable que dentro de tan sólo diez años los periódicos ya no vayan a ser leídos en papel. Las revistas con toda seguridad seguirán el mismo destino, aunque a un ritmo más lento, porque la mayoría de las revistas también implican las sensaciones del tacto y del olfato. Simplemente son más experienciales en bruto de esa manera.

Los mapas impresos también están migrando a los dispositivos, y muy probablemente desaparezcan en unos cuantos años. Las operaciones bancarias, que solían realizarse en edificios o en cajeros automáticos, ahora están migrando a la nube y se están volviendo móviles a un paso frenético. Las llamadas solían hacerse por medio de teléfonos, pero ahora se están transformando en video-llamadas a través de servicios como Skype, Hangouts de Google y FaceTime.

Los robots solían tener botones o controles remoto que servían de interfaz, pero ahora todo se realiza a través de pantallas diseñadas para tener la apariencia de rostros —y simplemente les hablamos—. Los automóviles solían estar equipados con interruptores, botones, pantallas sencillas y tableros tradicionales, pero ahora los controles de los automóviles cuentan con verdaderas pantallas táctiles. Y la lista sigue y sigue, ¡tanto que va a explotar!

Conforme se incrementa el número de dispositivos de aumento visual tan potentes que inundan el mercado, nuestros ojos también están siendo objeto de la pantallización. Aunque haya personas que sugieran que deberíamos optimizar nuestros ojos a través de recursos tecnológicos, al menos en el futuro cercano seguiremos utilizando nuestros propios ojos humanos 1.0. No obstante, muchos de nosotros podríamos también utilizar gafas de realidad aumentada, lentes de contacto habilitados para Internet, o visores que podrían optimizar dramáticamente lo que seríamos capaces de ver y cómo estaríamos posibilitados para responder a ello. El modo en que hasta ahora veíamos el mundo está a punto de cambiar, para siempre —una verdadera situación de *HellVen*—.

La pantallización es una tendencia clave en la convergencia de los seres humanos y las máquinas, y existe un debate creciente sobre cuán lejos deberíamos ir. Este fenómeno prepara el camino hacia un uso generalizado de la RA, de la RV y de los hologramas.

Tendríamos pantallas para todo y en todo lugar, y si dichas pantallas funcionaran a través de energía solar y tuvieran baterías de bajo costo y de larga duración, llegarían incluso a ser más baratas que un papel tapiz refinado. Por lo tanto, será muy fácil dar el siguiente paso y utilizar las pantallas como un recubrimiento de nuestra verdadera realidad —presentándonos información y otras imágenes contextuales que cubrirían lo que en realidad nos rodea—. Me aventuraría a decir que dentro de diez años usar la RA y la RV será tan normal como hoy en día es utilizar WhatsApp. Esta noción es tan emocionante como aterradora: llegado ese punto, ¿cómo podríamos distinguir entre lo que es real y lo que no lo es?

Pensemos en el impacto que esto podría tener en la percepción de nosotros mismos como seres humanos. Imaginemos que tuviéramos semejante "super-visión" y omnipotencia visual por el mero hecho de llevar puesto el visor HoloLens de Microsoft, con un costo de $250 USD. Imaginemos también a un doctor llevando el dispositivo de realidad virtual Samsung Gear VR durante su siguiente cirugía, disminuyendo así el riesgo de demandas por malas prácticas, por el simple hecho de tener mejor acceso a información en vivo.

El mundo que vemos podría volverse infinitamente más rico, rápido e interconectado, pero, ¿qué tan desorientador y adictivo podría llegar a ser? Y, ¿por qué alguien querría ver algo sin utilizar sus nuevos súper-potenciadores? Todo esto irá cobrando relevancia conforme los proveedores de estos productos inevitablemente desplieguen verdaderos ejércitos de neurocientíficos y expertos de la conducta que diseñen pantallas cada vez más adictivas y cómodas. Si creen que un *like* de Facebook ya genera bastante dopamina, ¿qué tan grande podría llegar a ser este golpe de éxtasis visual?

> *"Aquí, sin embargo, no hay opresores. Nadie te está forzando a hacerlo. Tú eres quien voluntariamente te atas a estas correas. Tú eres quien voluntariamente se convierte en un completo autista social. Tú eres quien ya no capta las claves básicas de la comunicación humana. Tú eres quien está sentado a la mesa con tres humanos, quienes te están mirando e intentan conversar contigo, ¡y tú estás con los ojos puestos en tu pantalla! ¡Buscando a personas desconocidas en... Dubai!"*
> —Dave Eggers, The Circle (El círculo)[57]

Mega-cambio 4: Desintermediación

Una tendencia clave del comercio, de los medios y de la comunicación en línea, es suprimir a los hombres y mujeres que fungen como intermediarios —generando una ruptura con este acceso directo—. Esto ya ha ocurrido en la música digital, donde las nuevas plataformas como Apple, Spotify, Tencent, Baidu y YouTube están trastocando y desterrando a los cárteles de las disqueras, que solían quedarse con el 90% de las ganancias de los artistas.

Está ocurriendo en el turismo y los hoteles: Airbnb nos permite hospedarnos en residencias privadas y reservar directamente con los dueños de los apartamentos, sin necesidad de un hotel tradicional.

También está ocurriendo en la publicación de libros, donde los autores pueden dirigirse directamente al área de publicaciones de

Kindle en Amazon, obteniendo hasta el 70% de las ganancias de un eBook en lugar del 10% que solían ganar en una editorial tradicional. ¿Pueden imaginarse el impacto en la popularidad y en las ganancias de Tolstoi, si hubiera contado con semejante oportunidad de acceso directo?

Está sucediendo en las transacciones bancarias, donde los clientes pueden ahora utilizar herramientas como PayPal, M-Pesa en África, Facebook Money, y TransferWise, para enviar pagos alrededor del mundo. Estos servicios con frecuencia evitan los bancos y los servicios de transferencia de dinero tradicionales, así como sus tarifas escandalosas. Añadamos a la ecuación el menudeo, los seguros y dentro de poco también la energía, y nos percataremos hacia dónde nos estamos dirigiendo: si puede ser hecho directamente y/o entre pares, así se hará. La tecnología está convirtiendo esto en una certeza.

El principal reto es el siguiente: la disrupción puede ser maravillosa, la disrupción puede ser muy lucrativa —como puede observarse en las historias exageradas de *startups* que logran tasaciones de más de mil millones de dólares en tan sólo unos cuantos años—. Sin embargo, al final también es necesario construir.[58] En la superficie, parecería acertado unirse a las filas de aquellas empresas valuadas en $1,000 millones de USD (*unicorn*) o $10,000 millones de USD (*dedacorn*). No obstante, debemos profundizar para asegurarnos de que estamos construyendo algo que genere una infraestructura nueva y mejor, así como un contexto social, y no sólo algo que tenga una alta capitalización de mercado y que no añada nada, sino que sólo se apropie de lo que solía estar ahí.

Uber ha sido un factor de desintermediación en el mercado de los taxis y de las limosinas, que ha resultado en grandes beneficios para muchos clientes, así como para los conductores y otros trabajadores de Uber. Sin embargo, en el proceso de convertirse en un jugador tan grande y poderoso en esta área, el propio Uber se ha transformado en un nuevo tipo de intermediario. Algunos expertos están llamando a este fenómeno "capitalismo de las plataformas" o "feudalismo digital", debido al modo en que Uber está tratando a sus conductores como productos altamente reemplazables —lo que constituye una de las claras desventajas de la economía de los pequeños encargos (*gig economy*)—.[59]

El ejemplo de Uber pone en evidencia que no bastará con simplemente desmontar lo que no esté teniendo un funcionamiento óptimo, como la industria de los taxis, ni tampoco reiniciar servicios que ya no son de suficiente interés para quienes actualmente dirigen el mercado. También será necesario construir un ecosistema nuevo y completo, digitalmente nativo, que se haga cargo de todas las piezas del rompecabezas y no sólo de algunas de ellas. No bastará con retirar la crema de la superficie una vez que se hayan trastocado los modelos de negocio obsoletos. No todo se reduce a destruir: también hay que construir.

La desintermediación está claramente impulsada por la fuerza de las tecnologías exponenciales, y veremos mucho más de esto en el futuro. Los tsunamis más grandes del cambio tendrán lugar en los sectores de la salud y de la energía. Será esencial recordar que la simple destrucción no servirá ni tampoco perdurará. Hemos de construir verdaderos valores humanos y un ecosistema holístico que generen un valor duradero para todos; lo que necesitamos no son sólo más algoritmos, sino también androritmos reforzados. Tenemos que adoptar una visión holística para realmente marcar la diferencia.

> *"Antes de que queden demasiado hipnotizados por los maravillosos gadgets y por las fascinantes pantallas de video, permítanme recordarles que la información no es equivalente al conocimiento, que el conocimiento no es equivalente a la sabiduría, y que la sabiduría no es equivalente a la previsión. Cada una surge de la otra, y necesitamos de todas ellas". —Arthur C. Clarke*[60]

Mega-cambio 5: Transformación

Superando al mero "cambio", el mayor meme del 2014 fue la "transformación digital", una frase que ya ha adquirido el sabor un tanto rancio del término "redes sociales". No obstante, este término es adecuado en tanto que trasciende ampliamente al mero cambio o a la innovación. Literalmente significa convertirse en algo más, la metamorfosis de la oruga que pasa a ser una mariposa, o de un coche de juguete que pasa a ser un robot de juguete, o de ser un fabricante de coches a ser un proveedor de movilidad. La transformación será la prioridad número uno de la mayoría de las compañías y de las organizaciones, mientras sean impactadas por los cambios tecnológicos exponenciales y globales. Transformarse en aquello que funcionará dentro de cinco años exige mucha visión de futuro, mucho valor y, naturalmente, el apoyo de todos los actores y mercados de capital. Pero no olvidemos que la madre de todas las transformaciones será nuestro propio mega-cambio, nuestro paso de estar físicamente separados a estar directamente conectados a computadoras y dispositivos.

Mega-cambio 6: Inteligización

Ésta es una de las principales razones por las que la humanidad está siendo tan profundamente amenazada: las cosas se están volviendo inteligentes.

Cada objeto a nuestro alrededor, que solía estar desconectado y carecía de un contexto dinámico, está ahora siendo conectado con el Internet por medio de redes de sensores, siendo actualizado e interrogado constantemente a través de redes globales de dispositivos.

Todo lo que pueda tornarse inteligente se tornará inteligente, dado que ahora contamos con los medios para hacerlo.

El aprendizaje profundo es un elemento clave que está haciendo posible la inteligización, y que constituye un enorme factor de cambio En lugar de recurrir al abordaje tradicional de programar las máquinas para que sigan instrucciones y desarrollen una tarea, el paradigma dominante que está surgiendo es el de sólo dotarlas de un poder de procesamiento masivo, acceso a enormes cantidades de datos heredados y datos en tiempo real, un conjunto básico de reglas de aprendizaje, y un comando simple como "Averigua cómo ganar cada juego de GO, ajedrez y backgammon". Entonces la máquina en cuestión llega a reglas y estrategias que nosotros como humanos quizá nunca hubiéramos descubierto por nuestra cuenta.

Los laboratorios DeepMind de IA de Google evidenciaron el poder del aprendizaje profundo en 2015, al demostrar que una computadora podía aprender cómo jugar y ganar videojuegos de Atari totalmente por sí misma, y luego evolucionar, hasta volverse verdaderamente experta en muy poco tiempo.[61]

Poco después de la demostración de Atari, DeepMind desarrolló AlphaGo —una computadora que aprendía por sí misma y que dominó Go, un antiguo juego chino infinitamente más difícil—.[62] Éste es el santo grial de la inteligencia de las computadoras: no se trata de la perfección matemática que Deep Blue mostró cuando venció a Gary Kasparov en el ajedrez,[63] sino la capacidad de una máquina para comprender su entorno y diseñar el mejor curso de acción por sí misma —y hacerlo de forma recurrente—. Aplicando el mismo proceso en repetidas ocasiones, estas IAs podrían en breve volverse exponencialmente mejores.

Mega-cambio 7: Automatización

La gran promesa de muchas tecnologías exponenciales es que podamos digitalizarlo todo, inteligizarlo, y luego automatizarlo y virtualizarlo. La automatización es central para esta idea de híper-eficiencia, porque hace posible la substitución de los seres humanos por máquinas. Trataré este mega-cambio en el capítulo 4, que versa sobre la automatización de la sociedad.

Mega-cambio 8: Virtualización

Dicho con sencillez, la virtualización es la idea de crear una versión digital —no física— de algo, en vez de guardar su copia tangible en un lugar. Algunos de los servicios virtuales de uso más extendido son la virtualización de los escritorios o de los servidores, donde las estaciones de trabajo se encuentran en la nube, y sólo puede accederse a ellas a través de una terminal en mi escritorio o de una aplicación de mi teléfono inteligente. Otro ejemplo lo encontramos en las comunicaciones y las interconexiones: en lugar de utilizar hardware de interconexión como routers o conmutadores, las llamadas y la comunicación de datos están siendo progresivamente transferidas a la nube utilizando redes definidas por software (SDN). Los beneficios resultantes podrían incluir enormes ahorros y un servicio más rápido, pero también la desestabilización de modelos de negocio de enormes jugadores globales como Cisco.

Algunos sugieren que la virtualización a través de la nube informática podría traducirse en un 90% de ahorros en costos.[64] En lugar de enviar libros impresos alrededor del mundo, Amazon virtualiza las librerías y envía archivos digitales a los lectores de Kindle. También estamos al borde de la virtualización de los envíos. Imaginen el ahorro que representaría tener una impresora 3D que pudiera imprimir su protector de iPhone directamente en su sala de estar, con sólo descargar el diseño. Imaginen una impresora 3D del futuro que tuviera la capacidad de imprimir los productos más avanzados, con cientos de materiales compuestos, directamente en su centro comercial preferido, produciendo así todo tipo de cosas, desde zapatillas de deporte hasta muñecas Barbie, y un sinfín de productos.

La descentralización con frecuencia representa un componente esencial de la virtualización, ya que podemos prescindir de un punto central de distribución si el producto puede ser suministrado desde la nube. Los sistemas de SDN no dependen de todo el cableado que se necesitaría para que cierta consola o interruptor funcionaran; toda la conmutación podría llevarse a cabo remotamente, lo que se traduciría en ahorros significativos. Naturalmente, la seguridad cobraría mucha relevancia al momento de virtualizar y descentralizar estos recursos, puesto que este cambio implicaría un menor número de puntos de control físicos.[65] Aunque ésta es una gran oportunidad para las compañías innovadoras, también representa un reto importante para los gobiernos y los políticos. ¿Cómo podríamos llegar a acordar las reglas de compromiso y de ética digital detrás de las soluciones a estos desafíos técnicos?

En el futuro cercano, la virtualización se extenderá hasta muchos sectores, como la banca, los servicios financieros, los sistemas de salud y las farmacéuticas —especialmente en el desarrollo de medicamentos—. Las terapias digitales tendrán por objetivo complementar e incluso reemplazar los métodos tradicionales de medicación, realizando modificaciones conductuales a fin de reducir e, incluso, solucionar los mismos problemas. Otro de los ejemplos de relevancia sería la nube biológica, en la que un software procesaría los resultados de laboratorio y los combinaría con otros datos para acelerar el descubrimiento de nuevas drogas.

Imaginemos ahora el efecto exponencial de combinar los otros mega-cambios con la virtualización. Los robots virtualizados de la nube podrían llevar a cabo prácticamente cualquier proceso mucho más rápido y de una forma más confiable, tal y como los cambios conductuales digitalizados podrían convertirse en una alternativa a los medicamentos.[66]

Evidentemente, la virtualización constituirá una de las fuerzas impulsoras en el conflicto entre la tecnología y la humanidad, incluyendo la pérdida de trabajos, la probabilidad de que el "software acabe comiéndose la biología", y la creciente tentación de virtualizar a los seres humanos a través de procesos de carga cerebrales o cíborgismo —el sueño de muchos transhumanistas —.[67]

Mega-cambio 9: Anticipación

Las computadoras ya están volviéndose muy eficientes para anticipar nuestras necesidades antes de que nosotros mismos nos percatemos de ellas. Google Now y Google Home son asistentes digitales inteligentes (IDAs) de Google, y constituyen una parte importante de la gran apuesta de esta compañía por la IA. Dichos asistentes anticipan cualquier cambio en nuestro programa diario —ya sea retrasos de vuelos, tráfico, o citas que se están alargando — y emplean esa información para notificar a nuestra siguiente cita sobre el retraso, e incluso pueden reprogramar un vuelo en lugar de hacerlo nosotros.[68]

La prevención de los crímenes basada en algoritmos se está convirtiendo rápidamente en un tema muy popular entre los agentes de policía. Dichos programas implican en esencia el uso de *big data*, como serían las estadísticas criminales, las redes sociales, la localización de los teléfonos móviles e información de tráfico, para predecir dónde podría ocurrir un crimen e intensificar el patrullaje policíaco en el área. En algunos casos, con ecos un tanto inquietantes de los *"precogs"* de *Minority Report*,[69] se ha dado incluso el caso de que ciertos individuos hayan sido seleccionados para recibir la visita de un trabajador social o de un oficial de policía, porque el sistema indicaba que había una muy alta probabilidad de que cometieran un crimen.

Imaginen las proporciones que esto podría tomar en cuanto el Internet de las cosas (IoT) operara a nivel global, con redes de sensores conectando a cientos de miles de millones de objetos como semáforos, automóviles y monitores ambientales. Vislumbren el potencial anticipatorio y predictivo que se podría tener en cuanto las herramientas de IA pudieran dar sentido a todos esos datos. En el ámbito del descubrimiento de medicamentos, una herramienta de IA que funcionara en una computadora cuántica podría diseñar billones de combinaciones moleculares e identificar instantáneamente cuáles de éstas podrían funcionar para cierto tratamiento, e incluso llegar a prevenir la aparición de cierta enfermedad.

Imaginen lo que podría ocurrir en cuanto los billetes y las monedas se hayan vuelto digitales, e incluso las compras más mínimas pudieran ser rastreadas instantáneamente —lo que sería mucho más eficiente, pero también muchísimo más invasivo—. ¿Se trata de transformaciones digitales lucrativas, o estamos más bien en *Un mundo feliz* de Huxley?

A pesar de la multitud de promesas atractivas que estas tecnologías anticipadas parecen ofrecer, descubro una serie de problemas éticos desconcertantes que están surgiendo con mucha rapidez. Algunos de éstos son:

- **Dependencia** — dejar nuestro pensamiento en manos de software y de algoritmos sólo porque es mucho más conveniente y rápido.

- **Confusión** — no saber si quien está contestando mis mensajes es la persona a quien se lo he enviado o su asistente de IA; o ni siquiera saber si tomé mi propia decisión o si fui manipulado por mi IDA.

- **Pérdida de control** — no tener manera de saber si la anticipación de la IA fue correcta o no, pues no nos sería posible rastrear la lógica del sistema ni comprender el funcionamiento del aprendizaje de una máquina que opera gracias a informática cuántica. En otras palabras, tendríamos que confiar del todo o nada, un dilema similar al que enfrentan actualmente los pilotos de avión ante los sistemas de piloto automático.

- **Abdicación** — la tentación de delegar más tareas a los sistemas que se harían cargo de ellas, ya sea coordinando nuestros horarios personales, gestionando nuestras citas, o respondiendo emails sencillos. Aunque luego, claro está, sería muy probable que simplemente culpáramos a la nube/bot/IA si algo saliera mal.

Mega-cambio 10: Robotización

Los robots son la materialización de todos estos mega-cambios, el lugar donde todo está convergiendo y dando por resultado creaciones nuevas y espectaculares —y, querámoslo o no, terminarán estando por doquier—. Conforme la ciencia da grandes saltos en la comprensión del lenguaje natural, el reconocimiento de imágenes, la potencia de las baterías y los nuevos materiales, permitiendo una mejor capacidad de movimiento, sería esperable que el precio de los robots disminuyera dramáticamente al tiempo que sus funcionalidades —y su grado de simpatía— se dispararan. Algunos robots podrían incluso ser impresos en 3D, tal y como actualmente somos testigos de la fabricación casi por completo de los primeros automóviles en impresoras 3D.[70]

La cuestión fundamental es que, conforme avancemos hacia el cambio exponencial, también debemos colaborar para atender la ética, la cultura y los valores. De lo contrario, es seguro que la tecnología se convertirá primero gradualmente, y luego súbitamente, en el fin de nuestras vidas, dejando de servir como un medio para el descubrimiento de dicho fin.

Capítulo 4
La automatización de la sociedad

Mayor productividad y mejores márgenes, ¿pero menos trabajos?
Más tecno-millonarios, ¿pero cada vez menos clase media?

De todos los mega-cambios, la automatización merece particular atención. La automatización ha sido uno de los motores más potentes del cambio a lo largo de la historia. Un ejemplo de ello es cuando los telares manuales dieron paso a las nuevas máquinas tejedoras, lo que culminó con los levantamientos de 1811-1816 en el Reino Unido a cargo de los así llamados luditas, quienes temían perder su forma de subsistencia por la aparición de la tecnología.[71]

Históricamente, los beneficios de la automatización a menudo han resultado en multitud de nuevas oportunidades para quienes en un primer momento fueron trastornados y reemplazados por ella. Los mercados se volvieron más eficientes, los costos cayeron, las industrias y las economías crecieron, nacieron nuevos sectores y, con el paso del tiempo, la sociedad industrial no sufrió un desempleo tecnológico sostenido y de larga duración como consecuencia de estas nuevas tecnologías o de la automatización.[72] Con cada ola de industrialización, las novedades tecnológicas posibilitaban el surgimiento de nuevos sectores que, al cabo, también permitían la creación de suficientes trabajos nuevos que reemplazaban los antiguos, entonces innecesarios. Los salarios también aumentaron gracias a la productividad, ¡al menos hasta la llegada del Internet!

Avancemos ahora hasta la economía de la información —un término que hoy en día suena verdaderamente arcaico, utilizado para describir la primera ola del Internet— donde la relación entre las ganancias tecnológicas y la creación de trabajos sufrió un cambio de dirección. Las principales economías —lideradas por Estados Unidos— fueron testigo de un aumento en la desigualdad, ya que los dueños de los medios y de las plataformas de digitalización podían lograr mucho más con muchos menos trabajadores, como nunca antes se había visto.[73] [74]

La transición de la economía de la información a la economía del conocimiento ha sido muchísimo más breve y, potencialmente, más disruptiva. Ahora mismo, mientras damos el siguiente paso y nos precipitamos de lleno en la economía de la inteligencia de las máquinas, lo esperable es que haya un decremento en el empleo, así como un incremento en la disparidad entre la productividad y los salarios promedio. De explotar los mega-cambios, los negocios tendrán la oportunidad de generar mejores productos, con mucha mayor rapidez y a un menor costo. Preveo que estas disrupciones, que reducirán el número de empleos y aumentarán el número de personas sin trabajo, muy probablemente serán la norma y no la excepción.

Hay algunas tendencias inquietantes en el área del trabajo que han sido evidentes desde inicios de la década de los ochenta, cuando fuimos testigos de las primeras olas de automatización y de máquinas que podían realizar nuestras labores, comenzando por la maquinaria agrícola, los robots soldadores, y las centrales de llamadas automatizadas. Pero las dimensiones que está cobrando esta amenaza son cada vez más evidentes. La Oficina Estadunidense de Estadística Laboral reporta que —desde el año 2011— la productividad general de Estados Unidos ha aumentado significativamente, mientras que el empleo y los salarios no lo han hecho.[75] Como resultado, las utilidades corporativas han aumentado desde el año 2000.[76]

Al mismo tiempo, la desigualdad se ha disparado a nivel global: de acuerdo con *The Huffington Post*, las 62 personas más ricas del planeta en este momento han amasado más riqueza que el 50% de toda la población mundial.[77]

La pregunta central es si dicho progreso tecnológico exponencial y continuo exacerbará esta tendencia alarmante o si, por el contrario, la resolverá de cierta manera.

Creo que las estadísticas de los Estados Unidos indican una tendencia más grande que podría amplificarse drásticamente por los mega-cambios: el progreso tecnológico ya no es un catalizador de ingresos ni de trabajos como lo fuera durante la era industrial, incluso tampoco como lo fue durante los primeros momentos de la era de la información/Internet. Es cierto que los márgenes y las utilidades totales han incrementado para la mayoría de las compañías pero, al mismo tiempo, cada vez son más las personas que están siendo reemplazadas por máquinas. Entretanto, estos millones de trabajadores desempleados no parecen estarse beneficiando en lo absoluto de la automatización, ¡los camioneros no se convertirán en diseñadores de interfaces móviles de un día para otro!

Basándonos en el progreso tecnológico exponencial, imaginemos ahora a dónde nos conduciría todo esto. Un estudio del 2013 de la Oxford Martin School sugiere que hasta el 50% de los trabajos podrían ser automatizados en el transcurso de las próximas dos décadas.[78] Las ganancias de las compañías podrían entonces dispararse al disminuir su número de empleados a nivel global, algo que podría replicarse a través de todos los sectores de la industria. En otras palabras, al poner la automatización y los otros nueve mega-cambios al frente y al centro del escenario, las grandes compañías podrían potencialmente generar muchísimo más dinero con un número mucho menor de personas.

Evidentemente, también es verdad que seremos testigos de la creación de nuevos trabajos que antes no existían, como diseñadores de interfaces humano-máquina, biólogos de la nube, supervisores de inteligencia artificial (IA), analistas del genoma humano, y administradores de privacidad personal. Sin embargo, también veremos cómo desaparecen definitivamente millones de trabajos rutinarios y fastidiosos —particularmente aquellos que son repetitivos y que no exigen habilidades exclusivamente humanas como la negociación, la creatividad, o la empatía—. La pregunta no es si esto ocurrirá o no, sino cuándo lo hará.

Esto se transformará en un verdadero reto de tecnología *versus* humanidad: debemos percatarnos de la rapidez exponencial con la que esto podría ocurrir, y lo que significaría para la educación, para el aprendizaje, para el entrenamiento, para las estrategias del gobierno, para los sistemas de beneficencia social, así como para las políticas públicas en todo el mundo.

Conforme las IAs se transformen primero gradualmente, y luego súbitamente en científicos, en programadores, en doctores y en periodistas, un número significativo de oportunidades laborales podrían volverse tan escasas que muy pocos de nosotros conseguiríamos un empleo tal y como ahora lo conocemos. Simultáneamente, la mayoría de los componentes que corresponden a los niveles más básicos de la jerarquía de necesidades de Maslow —como sería el caso de la comida, el agua y un techo— también se volverían cada vez más baratos. Las máquinas realizarían la mayor parte del trabajo pesado, reduciendo en gran medida los costos del suministro de servicios como el transporte, la banca, la alimentación y los medios de comunicación. Podría ser que estemos adentrándonos en un territorio desconocido de, por un lado, abundancia económica y, por el otro, el fin del trabajo para ganarse la vida. Llegará un punto en el que tendremos que mantener por separado el dinero y nuestra ocupación, un cambio que pondría en entredicho algunos supuestos muy arraigados sobre cómo definir nuestros propios valores e identidades.

Y todo esto, ¿será bueno o malo? ¿Cómo podrán pagar las personas sin ingresos los bienes y servicios producidos por las máquinas, independientemente de que sean mucho más baratos que hoy en día? ¿Nos encontramos ante el final del consumo como la lógica central que subyace al capitalismo? ¿Estamos acaso presenciando el inicio del final del trabajo remunerado como solíamos conocerlo?

Tanto los políticos, como los funcionarios públicos y los gobiernos en general, deberán volverse mucho más conscientes del desafío que representa la automatización y, conforme nos abalanzamos hacia ella, deberán también convertirse en mucho mejores administradores de la misma. El requisito crucial será el liderazgo del pensamiento, y cualquier funcionario público que no entienda la importancia de convertirse en un "administrador del futuro" habrá perdido el norte.

La principal razón por la que votaremos por uno u otro candidato político en el futuro cercano será qué tan bien lidien con el presente, con "lo que es" y, al mismo tiempo, qué tanta comprensión tengan de "lo que podría llegar a ser".

Las cinco As de la automatización exponencial

Suelo pensar en la automatización como un avance a través de estos cinco pasos, cada uno peor que el anterior:

1. Automatización
2. Asentimiento
3. Abdicación
4. Agravio
5. Abominación

La automatización es un destino inevitable

Considero que la automatización exponencial es una certeza, por el simple hecho de que finalmente está siendo posible, y con ella se están reduciendo los costos de forma espectacular —una de las principales áreas de interés de casi todos los negocios y organizaciones—. Seremos testigos de una nueva clase de híper-eficiencia de bajo costo en la mayoría de las industrias dentro de los siguientes cinco a diez años —piensen en cómo podría esto impactar en los trabajos y en el empleo—. Pero, ¿debería esta eficiencia realmente prevalecer sobre la humanidad? ¿Deberíamos automatizar las cosas por el simple hecho de que podamos hacerlo? Aquellas empresas que están invirtiendo agresivamente en el reemplazo de seres humanos por tecnología, ¿deberían pagar algún tipo de impuesto a la automatización, con el que se beneficiara a quienes se quedaran sin trabajo? Todas éstas son preguntas a las que muy pronto tendremos que dar respuesta.

Piensen ahora en el hecho de que la fuerza combinada de los mega-cambios —particularmente la digitalización, la virtualización, la inteligización (aprendizaje profundo e IA), y la movilización— está creando cada día nuevas posibilidades para la automatización. A comienzos del 2016, cuando el sistema GoAlpha de Google descifró el código del juego Go, dicho sistema no había sido programado para jugar Go sino que, más bien, aprendió a jugar por sí mismo desde cero.[79]

No estamos hablando de formas limitadas de IA, de computadoras pre-programadas que pueden vencer a seres humanos en áreas que involucran en mayor o menor medida matemáticas o lógica, como ocurre en el ajedrez; se trata de una IA que puede recurrir a aproximaciones más semejantes a las de los seres humanos, basándose en redes neuronales e imitando el modo en que nuestros cerebros aprenden, y que es capaz de adaptarse y programarse a sí misma. Imaginen ahora este tipo de IA enfrentándose a tareas y retos humanos muy complejos y a gran escala, capaz de generar soluciones y automatizarlas por nosotros —al grado de volverse infinitamente mejor que nosotros en prácticamente cualquier tarea que implique conocimiento—.

En *Smarter than Us: the Rise of Machine Intelligence* (*Más inteligentes que nosotros: el ascenso de la inteligencia de las máquinas*), Stuart Armstrong escribe:

Si una IA poseyera cualquiera de estas capacidades —habilidades sociales, desarrollo tecnológico, habilidades económicas— a un nivel sobrehumano, es muy probable que no tardaría en dominar nuestro mundo de alguna u otra manera. Y, como ya hemos visto, si llegara a desarrollar estas capacidades a nivel humano, entonces muy probablemente no tardaría en desplegarlas a un nivel sobrehumano. Por lo tanto, podemos asumir que incluso si sólo una de estas capacidades fuera programada en una computadora, entonces nuestro mundo sería dominado por las IAs o por humanos habilitados con IA.[80]

Tomen el ejemplo de la seguridad social y su administración de los reembolsos de gastos médicos, las pensiones y los subsidios por desempleo para potencialmente miles de millones de personas. De utilizarse la IA, muy pronto sería factible que una supercomputadora inteligente descifrara cuáles deberían ser las reglas de la seguridad social y cómo podrían implementarse, lo que resultaría en enormes ahorros para los gobiernos y, muy probablemente, la deshumanización de los ciudadanos en el proceso.

En el caso de los Estados Unidos, una IA avanzada podría llegar a estas reglas basándose en los datos de seguridad social disponibles durante los últimos ochenta y tantos años, transcurridos desde la fundación del sistema de seguridad social en el año de 1935.[81] Dicha IA también podría aprender a partir de otros datos disponibles como, por ejemplo, los registros de salud, los perfiles de redes sociales, los antecedentes y regulaciones legales, así como las bases de datos de las ciudades y del gobierno. Todo esto podría dar por resultado una IA de la seguridad social en constante evolución (llamémosla "bot de la seguridad social" / BotSegSoc), misma que podría manejar todas estas transacciones tan complejas, con el apoyo de quizá un 10-20% del personal actual. Despídanse de la empatía y de la compasión humanas: las máquinas serían quienes determinarían nuestras pensiones, y habría muy poco que discutir al respecto.

Con frecuencia me pregunto lo que ocurriría si todos estos conceptos se volvieran realidad, primero gradualmente, y luego súbitamente. Lo que tenemos ante nosotros es una cadena de eventos que ya está desplegándose en situaciones de sobrecarga dentro de las redes sociales. A base de toparnos con la automatización en cada esquina, a menudo nos descubrimos asintiendo, básicamente aceptando las decisiones y la superioridad del sistema —a regañadientes, pero con una sonrisa en el rostro—. En realidad no nos emociona mucho, pero tampoco haremos un escándalo al respecto.

Luego podríamos empezar a abdicar, lo que implica "ceder el trono" y darle el poder al sistema. Poco después dejaríamos de ser la entidad más importante del sistema, y la propia máquina sería ahora el nuevo centro de gravedad —transformándonos en el contenido y ya no en la razón de todo ello—. En cuanto el medio se haya convertido en el fin, entonces empezaremos a hacer cosas con tal de mantener contento al sistema. En un primer momento, "el sistema" estará primordialmente conformado por todos los demás nodos de la red, todos aquellos seres humanos que estén conectados al mismo ecosistema electrónico global.

Facebook actualmente representa el mejor ejemplo de la abdicación: en lugar de realizar cualquier tipo de acción política real, que seguramente sería complicada y molesta, simplemente le damos *like* a algo en Facebook, o compartimos un video con nuestros amigos, o bien firmamos una petición o, en el mejor de los casos, donamos unos cuantos dólares o euros en una campaña de Kickstarter o de Causes.com.

Asentimiento

Ya estamos presenciando muchos ejemplos de la automatización de cosas que no deberían serlo —como el uso de software que elabora "mejores" mensajes para que obtengamos más *likes* en las redes sociales—. Con frecuencia experimentamos el asentimiento después de toparnos con esta opción, aceptándola indiscriminadamente y siguiendo la corriente para que actúe en representación nuestra, porque resulta fácil y cómodo. Simplemente funciona. Un ejemplo sería añadir a un amigo en

Facebook sólo porque se trata de un amigo de un amigo de otro amigo que recientemente le dio *like* a una de nuestras publicaciones. ¿Por qué no hacerlo? ¿Cuál sería el problema? En este caso estaría de acuerdo: parece difícil afirmar que haya aquí algún tipo de daño real.

Abdicación

Luego, casi sin advertirlo, podríamos renunciar a las responsabilidades que solían ser nuestras, transfiriéndolas o delegándolas a la tecnología. En lugar de visitar a nuestra abuela con frecuencia, podríamos configurar Skype en su casa y visitarla por esta vía, con mayor frecuencia, aunque a través de una pantalla. ¿Es éste un buen o mal resultado?

O, en un futuro muy cercano, en lugar de asegurarnos de que visite al médico con frecuencia, podríamos enviarla un dispositivo de diagnóstico remoto que midiera sus signos vitales en cualquier lugar, a cualquier hora, para no tener que llevarla nosotros mismos al doctor todo el tiempo.

La abdicación (literalmente, "renunciar al trono") de nuestro propio poder, entregando el control a la tecnología, ya es un tema constantemente presente a nuestro alrededor. Con relativa frecuencia uso TripAdvisor, que me indica con autoridad que cierto restaurante es el mejor, y aunque estemos parados en un lugar rodeado por otros 25 lugares de buena apariencia, simplemente vamos donde la máquina nos diga. En cierto modo, estamos transfiriendo nuestra autoridad y nuestro propio juicio a un algoritmo. Nuevamente, el caso de TripAdvisor parece una nimiedad, ¡pero imaginemos lo que ocurriría si esta tendencia también creciera exponencialmente! Acabaríamos sintiendo como si realmente ya no decidiéramos o hiciéramos las cosas nosotros mismos —como si simplemente nos ocurrieran—. Pero nos facilitan mucho la vida, ¿no es así? Avanzar sólo por otro implica mucho menos esfuerzo que avanzar yo solo.

Durante el último par de años he tenido esta discusión sobre TripAdvisor con mis amigos y ante distintos públicos, y he llegado a la conclusión de que si lo utilizo como cualquier otro punto de referencia, mientras soy consciente de la seducción del asentimiento y de la abdicación, entonces TripAdvisor resulta bastante útil. Nuevamente, todo depende del equilibrio. Pero, ¿qué haría si TripAdvisor se convirtiera en una IA, un bot inteligente en el cielo, y ya no pudiera realmente juzgar su ejecución y su honestidad con tanta facilidad? ¿Qué pasaría si se hubiera vuelto tan inteligente al grado de que no me quedara más remedio que confiar en él por completo o no confiar en él en lo absoluto?

Google Maps es otro ejemplo de la facilidad con la que los seres humanos abdicamos de nuestros tronos. ¿Cuántas veces se han descubierto usando Google Maps, parados en el cruce de una ciudad desconocida, buscando algo en sus pantallas cuando en realidad lo tenían delante de sus narices? Ya no confiamos en nuestros propios ojos y oídos —ni en los de los demás—. Creemos en lo que el cerebro en el cielo nos dice. ¿Lloverá acaso? ¿Debería agarrar un paraguas? En lugar de confiar en mis propias corazonadas sobre el clima o echar un vistazo por la ventana, el SO de Google me lo dirá.

Este ejemplo quizá sea de lo más trivial, es cierto, pero pensemos en las amplificaciones futuras que podrían derivarse de las tecnologías exponenciales. ¿Contaremos algún día con un cerebro médico global que decidiera si deberíamos o no tener hijos, basándose en nuestro ADN y miles de millones de factores más? ¿Se rehusarían las compañías de seguros a cubrirnos si decidiéramos de todos modos tenerlos? ¿Seríamos todavía libres para tomar decisiones que no estuvieran basadas en la lógica o en los algoritmos? ¿Podríamos aún hacer cosas tan estúpidas como conducir a demasiada velocidad, beber demasiado, o comer lo que no deberíamos? ¿Está acaso muriendo el libre albedrío?

Ahora imaginemos la abdicación exponencial: el olvido exponencial de nosotros mismos

¿Qué ocurriría si la tecnología siguiera alentándonos a darle todavía más control porque es tan conveniente, eficiente y mágica? ¡Y, por cierto, 95% más rápida! ¿Qué pasaría si sólo hubiéramos visto la punta del iceberg de la abdicación, si nos encontráramos en un cinco en una escala de 0-100? ¿Llegaríamos en algún momento, como el autor Stephen Talbott sugiere en su libro *The New Atlantis* (*La nueva Atlantis*), a "abdicar de nuestra consciencia", consintiendo que las máquinas actuaran como el árbitro definitivo de nuestros valores y de nuestra moral?[82] Si, como Talbott sostiene, "las tecnologías nos invitan con vehemencia a olvidarnos de nosotros mismos", ¿qué ocurrirá cuando apliquemos tecnologías exponencialmente mucho más potentes que las actuales?

¿Será que la tentación de "olvidarnos de nosotros mismos" se convertirá en un modo predeterminado de avanzar cual sonámbulos a través de la vida digital, abriendo la puerta a una especie de feudalismo digital global, en el que los señores de la tecnología nos dominen de maneras que escapan nuestra comprensión?

Algo es seguro: la tecnología y muchos de sus principales proveedores están haciendo todo lo posible con tal de dirigirnos por los caminos del asentimiento y de la abdicación, ya sea adrede o sin saberlo. En lugar de cambiar nuestra dieta, utilizamos medicamentos que nos ayuden a controlar nuestra hipertensión arterial. En lugar de sacar provecho del ocio como una oportunidad para reflexionar, llenamos el vacío con nuestras tabletas nuevas y brillantes, aventurándonos en la vorágine digital. En lugar de buscar oportunidades para descubrir nuevos amigos para nuestros hijos, permitimos que hagan amistades virtuales utilizando robots mascota y Hello Barbie, la primera muñeca que se conecta con el cerebro en la nube y que habla con nuestros hijos como si se tratara de una persona real.[83] ¡Simplemente es mucho más sencillo!

En este contexto, ¿podrían los asistentes digitales inteligentes (IDAs) como Amazon Echo y Google Home convertirse dentro de poco en motores de la abdicación?

En el caso de la seguridad social, como ya se discutió arriba, esta compulsión a la abdicación podría culminar con los funcionarios de gobierno delegando sus responsabilidades al sistema. Por ejemplo, supongamos que este BotSegSoc se fuera apropiando gradualmente de las tareas humanas porque fuera 90% más barato, y 1,000% más rápido. Incluso si sólo estuviera en lo correcto el 90% de las veces, es muy probable que los gobiernos dijeran: "Aun así es muchísimo mejor".

Agravio

El siguiente paso en esta espiral descendente podría ser el agravio tanto de los pocos agentes de servicio humanos que quedarían, así como de los consumidores, usuarios y clientes del sistema. Aunque sintiéramos una frustración furiosa, poco podríamos hacer si el sistema demostrara ser infinitamente más rápido, eficiente y ampliable. Aunque dicha frustración podría abordarse, dada la presencia abrumadora del sistema en todos los aspectos de nuestras vidas, sería casi imposible dejar de usarlo.

Una vez más Facebook representa el mejor ejemplo actual de este fenómeno: aunque sea un agravio serio el estar recibiendo un torrente constante de actualizaciones irrelevantes de estados de personas a las que apenas recordamos, aun así no queremos correr el riesgo de quedar desconectados de aquellos que sí nos importan. Nuevamente, la mera conveniencia, así como el poder y el alcance absolutos de la propia plataforma, nos impiden hacer algo respecto a lo que no nos está funcionando.

Abominación

Finalmente, el hecho de tratar a las personas en un ambiente de seguridad social sólo tomando en consideración los números, como fuentes de datos desencarnadas, en algún momento acabaría por convertirse en una abominación, en una perversión de la finalidad original de la provisión de servicios humanos (sociales, esto es) a ciudadanos humanos. Ésta sería la etapa final y un tanto deprimente de las cinco As a la que podríamos llegar si no atendemos las dos primeras etapas (asentimiento y abdicación) de la automatización de las cosas.

Sólo nos queda esperar que una automatización tecnológica bien implementada y bien diseñada genere menores niveles de asentimiento y de abdicación, con sólo algunos agravios ocasionales. No obstante, ésta es la cuestión temible de la automatización exponencial: no nos daremos ni siquiera cuenta de haber perdido el poder y el control antes de que llegue el punto de inflexión y, para ese entonces, quizá ya no podamos hacer nada al respecto.

Encontrando el equilibrio

Nuevamente, la cuestión radica en encontrar el equilibrio correcto. ¿Qué podemos automatizar que no reemplace nuestros procesos, conversaciones o flujos humanos innatos e indispensables, es decir, todo aquello de lo que no deberíamos abdicar? Cuando ustedes llaman a un centro de atención para cambiar la reservación de un vuelo, ¿necesitan a un representante que les ofrezca su comprensión o empatía humanos? En la mayoría de los casos no lo necesitarán, pero en algunos casos sí, por ejemplo, si surge una cuestión de cortesía. Por lo tanto, es probable que durante los siguientes años los centros de atención terminen por ser automatizados en un 90%, pero en algunos casos necesitaremos interacciones humanas reales. En esta instancia particular, una automatización bien diseñada y supervisada por seres humanos probablemente representaría una evolución positiva, aunque millones de trabajos se perderían en el proceso, independientemente de lo que opinemos.

Si avanzamos en el debate, adentrándonos un poco más en el futuro, si estuvieran viajando en un avión, ¿confiarían ciegamente en una cabina completamente automatizada sin ningún piloto? Si estuvieran siendo diagnosticados de algún problema médico,

¿necesitarían "humanidad" y compasión, o bastaría con que una máquina simplemente les diera los datos? En casos como una gripe o un problema estomacal, parecería que un diagnóstico remoto por automatización sería tanto útil como socialmente aceptable. Sin embargo, en el caso del diagnóstico de problemas más complejos como serían los síntomas del estrés, del asma o de la diabetes, semejante automatización tendería realmente a deshumanizar la atención médica.

La cuestión no se limita a decir sí o no a la automatización, sino que abarca una serie de respuestas graduales y un abordaje preventivo e integral, que busque el equilibrio y que, al mismo tiempo, siempre dé prioridad a los intereses humanos. La cuestión central no es si la tecnología puede o no automatizar algo, ni tampoco de qué manera podría lograrlo sino, más bien, cómo nos sentiríamos como humanos ante dichos resultados, y si la automatización favorecería o no la prosperidad humana. La cuestión se reduce a qué equipo apoyamos, al Equipo Humano o al Equipo Tecnología.

¿Invitando a que entre la automatización?

Junto a todas las cosas que están automatizando procesos a nuestro alrededor, hay un gran número de ellas que podrían hacerlo en nuestro interior, impactando en la manera en que pensamos y sentimos. Consideren el modo en que los algoritmos y el software, los IDAs, y los servicios o robots en la nube propulsados por IA, están progresivamente tomando las riendas de nuestros asuntos cotidianos, y cómo algunos de nosotros ya hemos automatizado nuestras amistades a través de las redes sociales o de las aplicaciones de mensajería electrónica.

Por ejemplo, ¿qué ocurrirá con nuestra inteligencia colectiva, con los diálogos humanos a través de los cuales actualmente educamos, debatimos, decidimos y diseñamos nuestras sociedades y nuestras democracias? ¿En qué forma se verán nuestras decisiones afectadas, si lo que vemos y oímos sobre nosotros mismos está determinado exclusivamente por algoritmos diseñados para que nos detengamos a mirar anuncios el mayor tiempo posible, en lugar de ser influidos por otras personas? ¿Qué pasaría si estas herramientas no fueran controladas, supervisadas o reguladas públicamente? ¿Seremos influidos por máquinas y algoritmos que sean propiedad de un puñado de plataformas gigantes de Internet a nivel global y de las compañías tecnológicas? ¿Se convertirán acaso en "sistemas virtuales dispensadores de dopamina", programados para ser pegajosos y obtener nuestra afirmación positiva, diseñados para lograr los máximos resultados para sus propietarios, para sus anunciantes y para los "extractores de datos" que desean analizar y explotar nuestros datos personales?

Es ingenioso cómo Google News[84] no es organizado principalmente por personas, como tampoco lo es el así llamado canal de noticias[85] (*newsfeed*) de Facebook, ni tampoco la aplicación de noticias de Baidu.[86] En casi todos los casos cierta supervisión humana es necesaria, pero los algoritmos hacen la mayor parte del trabajo. En estas compañías, son muy pocas las personas que están realmente enfrentándose a contenidos en el sentido periodístico tradicional —más bien, se concentran en el diseño de algoritmos cada vez más inteligentes, y de software que pueda lidiar con cada nueva exigencia—. No es de extrañar que el eslogan de Marc Andreessen, "el software se está comiendo el mundo", ya se haya transformado en "Facebook se está comiendo el Internet".[87] ¡Y Facebook no tiene precisamente la intención de sentarse a comer con la gente! Aparte de los programadores, los ingenieros y los investigadores de IA, le interesa contratar al menor número posible de personas que permitan tratar con clientes humanos de carne y hueso.

Quizá dentro de muy poco el software ya no se limite a "comerse el mundo", sino que cada vez más "engañará al mundo". De hecho, ya me siento un tanto engañado o, mejor dicho, manipulado, cuando reviso mi canal de noticias de Facebook, porque no puedo confiar en él como lo haría en el caso de *The New York Times*, *The Economist*, *Der Spiegel*, o *The*

Guardian —su único propósito es obtener beneficios para sí mismo—. No es un medio de difusión, sino un medio de engaño —y aunque seamos conscientes de ello, aparentemente seguimos atrapados en él—.

Tampoco se trata de un tráfico unidireccional —Mashable ha reportado que Apple está haciendo esfuerzos considerables para que su aplicación de noticias, sus recomendaciones musicales y sus servicios de listas de reproducción, sean gestionados por seres humanos, aunque ciertamente ésta no es la regla sino la excepción —.[88]

La explosión de la automatización está ocurriendo porque hay evidencia abundante de que los seres humanos son caros, lentos, y con frecuencia ineficientes, mientras que las máquinas son baratas, rápidas y ultra-eficientes, y están mejorando en todos estos aspectos a un ritmo exponencial. No se puede sobreestimar a dónde nos podría llevar todo esto durante los próximos diez años. Si bien la productividad aumentará explosivamente, parece inevitable que el empleo humano tal y como lo conocemos experimentará un descenso dramático. Estamos seguros de que tendremos profesiones en el futuro, pero posiblemente ya no estén vinculadas al hecho de ganarse la vida.

También se está volviendo más probable que en estas plataformas de noticias y medios completamente automatizadas ya no veamos lo que otras personas, posiblemente más entendidas que nosotros, consideren que deberíamos ver. En cambio, el contenido será seleccionado por un bot, una IA que suministre lo que deberíamos ver, basándose en miles de millones de hechos y migajas informáticas analizadas en tiempo real. El riesgo evidente de semejantes servicios sería que estarían cada vez más faltos de las nociones humanas de los valores, de la moral, de la ética, de las emociones, del arte y, en efecto, de los principios un tanto efímeros de la narrativa humana. Es cierto que los bots y la IA también tendrán dentro de muy poco la capacidad de comprender nuestras emociones y nuestros sentimientos, y que en cierto momento serán también capaces de simular dichas emociones y narrativas —pero creo que todavía no alcanzarán el nivel de ser humanos—.

No estoy remontándome a la época dorada de los periódicos impresos —eran y siguen siendo imprácticos, con frecuencia monopolísticos, corruptos o engañosos—. No obstante, en muchos casos los escritores y los editores eran personas cuyo trabajo era saber mejor que nadie, ser periodistas que pudieran ver el contexto más amplio para determinar su importancia. Su misión era enfocarse exclusivamente en lo que el público debía ver, independientemente de lo subjetivo que esto pudiera ser.

Claramente, el fiasco sobre las armas de destrucción masiva en Irak —presentada por un símil de *Fox News* y muchos otros— demostró que los canales televisivos y los corresponsales humanos también podían engañarnos siguiendo una agenda. Sin embargo, al menos teníamos la oportunidad de comprender qué y quién estaban detrás de una historia, y podíamos interpelarlos. Pero creo que no existe esta posibilidad en el caso de los bots de noticias con IA. Ahora bien, de lo que sí estoy seguro es de que no sabríamos siquiera cómo interrogarlos.

Otra consecuencia de los canales de noticias automatizados es que ya no veremos ni escucharemos el mismo contenido revisado por otras personas a nuestro alrededor —nuestras familias, nuestras parejas, nuestros amigos y nuestros colegas—. Sus canales de noticias estarían 100% personalizados, y es muy probable que fueran diferentes a los nuestros. En efecto, estamos llegando finalmente al punto en el que tenemos suficiente potencia informática como para diseñar el canal de noticias de cada persona de acuerdo a sus datos completamente personalizados.

¿Estamos acaso inflando el problema tan denunciado del "filtro burbuja de Internet", creando cámaras de resonancia entre personas con formas de pensar similares, a quienes estos algoritmos han reunido para que tengan la experiencia más placentera posible? ¿Cómo impactará esto en el sesgo de confirmación? ¿Acaso los proveedores de estos algoritmos que manejan cantidades ingentes de contenidos —como Google y Facebook— consideran estas cuestiones? ¿O, más bien, estas preocupaciones humanas sobre filtros, manipulación y sesgos, ocupan el último lugar en la lista de prioridades de estos proveedores de noticias?

"Claro, es bueno tener ética, pero en este momento simplemente no tenemos ni el tiempo ni los recursos necesarios". Esto es lo que nos responden muchas compañías cuando discutimos sobre este asunto. Creo que se trata de un error enorme, pues me temo que una sociedad con un poder tecnológico infinito pero carente de ética estaría condenada.

Imaginemos que esta especie de bot de noticias o una IA de medios fuera trasladada de las noticias en línea a la televisión, algo que seguramente ocurrirá. Piensen ahora en el posible escenario: noticieros personalizados para cada uno de nosotros, accesibles gracias a servicios de transmisión libre [*over the top* (OTT), según sus siglas en inglés] vía Internet, en lugar de a través de difusión terrestre o cable; *CNN* o los noticieros públicos de televisión en Europa podrían reemplazar nuestra transmisión de video de Twitter o el canal de video de Facebook; las aplicaciones, los bots y los IDAs acabarían con el cable y los medios de difusión tradicionales como hasta ahora los conocemos. En menos de diez años, la televisión y el Internet habrían convergido por completo, haciendo absolutamente imposible cambiar el modo en que consumimos medios —y, en efecto, también hay muchos elementos positivos en torno a esta tendencia hacia los medios de transmisión libre, así que no nos apresuremos a tirar al bebé junto con el agua de la bañera—.

Si, como en una ocasión dijera el disidente editor ejecutivo y fundador de *Wired*, Kevin Kelly, "las máquinas son para las respuestas y los seres humanos son para las preguntas"[89] entonces, ¿a dónde nos llevarán las máquinas cuando se trate de medios, contenidos e información? ¿Acaso elaborarán un panorama bello, pero falso o simulado de respuestas, filtrando todas las preguntas que deberíamos hacer y hubiéramos formulado de haber un mínimo de maniobra de acción y de vacío para la contemplación?

"Las computadoras son inútiles. Sólo pueden darte respuestas". —Pablo Picasso[90]

A mi modo de ver, los seres humanos nos distinguimos por tener rasgos característicos, propiamente humanos, como serían la capacidad para hacernos preguntas, para imaginar que algo podría ser diferente, para ser críticos, para ver las cosas desde diferentes ángulos, para leer entre líneas, y para percibir aquello que podría no estar todavía presente. Pero, ¿no es esto precisamente lo que deberían hacer estos contenidos y medios maravillosos, así como quienes están detrás de ellos?

Temo el momento en que perdamos estos rasgos, cuando las máquinas programen en todas las plataformas y en todo momento qué y a quién veamos a nivel individual. Si esto ocurre, estaríamos marchando hacia la completa abdicación de nuestra consciencia y delegando nuestra humanidad. Antes de que nos demos cuenta, estaríamos viviendo una especie de realidad programada —dirigida por aquellos que poseyeran los programas y los servidores—.

"Los seres humanos son los órganos reproductivos de la tecnología". —Kevin Kelly, What Technology Wants (Lo que la tecnología quiere)[91]

Si los bots y la IA se encargaran de pensar por nosotros y progresivamente actuaran en nuestro lugar, ¿qué ocurriría con los propios procesos a través de los cuales tomamos decisiones? Si un gran número de decisiones triviales, como qué película ver hoy en la noche, o qué comida debería comprar, fueran tomadas eficazmente por un software y por estos agentes inteligentes, ¿qué pasaría entonces con la sorpresa, el misterio, los errores y la casualidad? ¿Podrían estos IDAs ser programados de tal suerte que fueran humanos en el sentido de ser erráticos, individuales, deficientes y sesgados… pero aun así capaces de generar resultados? Y, a su vez, ¿querríamos realmente que pudieran hacerlo?

¿Podrían los bots terminar votando en lugar de nosotros, representándonos en funciones democráticas relevantes como en los referendos o incluso en los parlamentos? ¿Podrían nuestros IDAs recolectar toda la evidencia y usarla para aconsejarnos en nuestra decisión de voto, basándose en nuestras posturas, conductas y elecciones pasadas?

¿Acaso la libertad será cosa del pasado porque todo, cualquier cosa, podrá predecirse?

"Como ven, no hay libertad en nada de lo que generemos con inteligencia artificial…" —Clyde DeSouza[92]

¿Acaso el mundo será dominado por los agujeros de gusano?

Mientras la tecnología nos sumerge cada vez más en su agujero de gusano, me percato del gran peligro que implica lo que la automatización exponencial nos está enseñando, a saber, que podemos tomar atajos en casi todo si aplicamos grandes conjuntos de datos, IA y robótica, con lo que ya no habría necesidad de "cosas humanas" laboriosas, lentas y tediosas.

Esto ocurriría primero en mis manos, luego en mi rostro, luego en mis oídos y, finalmente, en el interior de mi cabeza. Los niños ya no tendrían necesidad de aprender a escribir, porque las computadoras simplemente escucharían, grabarían y transcribirían todo lo que se les dictara. Ya tampoco sería necesario lidiar con las complejidades de las relaciones humanas en la vida real, si pudiera tener relaciones e incluso encuentros sexuales con sus equivalentes digitales a través de la realidad aumentada, la realidad virtual y los robots. Ya no habría necesidad de aprender a tocar ningún instrumento musical, porque mi interfaz cerebro-computadora (ICC) me permitiría generar música por el simple hecho de pensarlo. Tampoco tendríamos que aprender idiomas, porque mi aplicación de traducción siempre estaría disponible para ayudarme. No tendría por qué hablar con las personas si puedo acceder a una descarga de datos sobre ellos. No habría necesidad de las emociones que, de hecho, no hacen sino estorbar el buen funcionamiento de las IAs.

Gracias a la automatización, ahora podemos eliminar el esfuerzo que implicaba la realización de actividades humanas rutinarias, y obtener instantáneamente los mismos resultados —o, al menos, ésa es la intención—. Podríamos revisar miles de canales de Twitter y los mejores segmentos de miles de videos de YouTube sobre cualquier tema y, aparentemente, llegar a convertirnos en verdaderos expertos en muy poco tiempo. Podríamos aprender de todo, cualquier cosa, "en el momento justo", en lugar de aprenderlo "en caso de"; sólo necesitaríamos la entrada indicada y el programa correcto.

Actualmente fluimos con los datos en lugar de descargarlos y memorizarlos en nuestro conocimiento. En cierta forma, nos estamos volviendo sobrehumanos. ¿O no?

Suelo llamar a este tipo de conceptos "crear agujeros de gusano" porque, al igual que éstos en el cosmos —un atajo imaginario a través del tiempo y del espacio (al cual entramos, como todo fan de *Star Trek* sabe, metiendo velocidad máxima)— representan una especie de circunvalación que nos ahorra todo el tedio de las cosas humanas, llegando así con mucha más rapidez a nuestro objetivo gracias a la tecnología.

Sin embargo, recuerden que la creación de demasiados agujeros de gusano —o, de hecho, cualquiera— no sería humano, pues implicaría que nosotros también tendríamos que transformarnos en máquinas o, al menos, hacerlo parcialmente. El psicólogo ganador del premio Nobel, Daniel Kahneman, subraya una y otra vez que "la cognición es corpórea: pensamos con el cuerpo, no con el cerebro".[93] Hemos de saber y aceptar que el hecho humano es una experiencia holística; que aprender es interdependiente de muchos otros factores, no sólo de la transmisión de datos; que en nuestras conversaciones surgen grandes momentos de comprensión que no suelen ocurrir en una sucesión de clicks del ratón, por útiles que éstos puedan ser. En otras palabras, no estaríamos llegando a los mismos resultados si el proceso fuera eliminado del resultado —más bien, habríamos sido engañados por el software—.

> *"Las relaciones humanas son ricas, aunque también complicadas y demandantes. Sin embargo, las depuramos a través de la tecnología; los mensajes de texto, los emails y las publicaciones nos permiten presentarnos según deseamos. Podemos editarlos, lo que implica que podemos borrar cosas, y también significa que podemos retocar nuestro rostro, nuestra voz, nuestra carne, nuestro cuerpo: ni mucho ni poco, sino justo lo necesario para que sea perfecto". —Sherry Turkle[94]*

Si elimináramos todo el esfuerzo requerido y todas esas conductas humanas tediosas como las discusiones, la reflexión y la experimentación de emociones, ¿qué impacto tendría esto en nuestra humanidad colectiva? ¿Nos volveríamos acaso completamente dependientes de estos agujeros de gusano y sus viajes a máxima velocidad, aunque en realidad sólo logren simular una experiencia humana?

Dado que los mega-cambios (véase el capítulo 3) funcionan en conjunto y de forma exponencial y combinatoria, el reto al que nos enfrentamos es enorme: el aumento de la digitalización, de la automatización y de la virtualización, dará por resultado todavía más automatización. Esto es así porque, en cuanto uno de los pasos del proceso queda automatizado, esto obliga al resto de las piezas a hacer lo mismo. La automatización de un paso pone en marcha al siguiente, y la automatización de un proceso entero dispara una reacción en cadena que se extiende hacia otros procesos con los que está interconectado. Esta lógica no puede detenerse, pues el sistema intentará seguir avanzando de acuerdo a ella.

Como resultado final, una vez que automaticemos las noticias y la información, las compras y los comercios, las decisiones financieras y la atención médica, podría llegar un momento en el que también necesitáramos automatizarnos a nosotros mismos — con tal de no perturbar mucho al sistema—.

Ya sea nuestra computadora, nuestro teléfono inteligente, nuestro IDA o nuestra IA, si permitimos que los medios se conviertan en nuestro fin, abdicando y delegando así toda autoridad en ellos, entonces nos encaminaremos a ser prescindibles porque, como humanos, seríamos máquinas terribles.

> *"El argumento más robusto de por qué la IA avanzada necesitaría de un cuerpo remite a su fase de aprendizaje y desarrollo: los científicos podrían descubrir que no es posible hacer 'crecer' IAG [inteligencia artificial general, (AGI) por sus siglas en inglés] sin algún tipo de cuerpo".*
> —*James Barrat*, Our Final Invention: Artificial Intelligence and the End of the Human Era (Nuestro último invento: la inteligencia artificial y el final de la era humana).[95]

Ahora bien, ¿cómo trazar entonces las fronteras de la automatización y lo que sería un paso demasiado lejos en el agujero de gusano? Para comenzar el diálogo, a continuación incluyo algunos ejemplos de cosas que, a mi parecer, deberían y podrían ser automatizadas:

- La contabilidad, los sistemas de archivo y la administración financiera
- La seguridad aeroportuaria
- La gestión del día a día (programar citas y reuniones)
- Otras tareas rutinarias que no impliquen la toma de decisiones a cargo de humanos

Entre las actividades que a mi parecer no deberían ser automatizadas (asumiendo que pudieran llegar a serlo) están:

* Los noticieros y los medios de información públicos
* Los mensajes dirigidos a nuestros contactos personales
* Los *likes* y otras declaraciones en las redes sociales
* La amistad (como el auto-seguimiento en Twitter)
* La contratación o despido de gente
* La selección de pareja y la formación de relaciones
* La democracia (como en la firma de peticiones en línea en lugar de ejercer nuestras actividades políticas)
* La alteración del genoma humano
* Tener bebés

A modo de recordatorio, la definición de manual de "automatizar" es literalmente "actuar por uno mismo, actuar sin reflexión".[96] Resulta claro que hay numerosas tareas, acciones y actividades en las que la automatización genera valor y beneficios para todos. Pero a continuación también se encuentran aquellas automatizaciones que benefician a muchos, seguidas de las que benefician a una minoría minúscula y, finalmente, aquellas que a la larga perjudican prácticamente a todos. En *La máquina del tiempo*, H.G. Wells imaginó un futuro severamente dividido entre los Morlocks salvajes y los Eloi que, aunque ineficientes, constituían la élite.[97] Incluso si todos escapáramos de ser como los Morlocks, ¿qué tan soberanos o heroicos nos sentiríamos como Eloi, como un software encarnado totalmente pasivo, cuyo dominio fuera sólo nominal?

Capítulo 5
El Internet de las cosas inhumanas

¿Acaso el Internet de las cosas inhumanas nos obligará primero gradualmente, y luego súbitamente, a renunciar a nuestra humanidad para volvernos cada vez más mecánicos con tal de seguir siendo relevantes?

Como ya se revisó previamente, existe una combinación de desarrollos tecnológicos que está impulsando el surgimiento del Internet de las cosas (IoT) —también llamado por Cisco el 'Internet de todo' y, por otros, como en el caso de General Electric, el 'Internet industrial'—.

La promesa es simple: cuando todo esté interconectado, cuando los datos puedan ser recabados todo el tiempo y en cualquier lugar, entonces podremos descubrir nuevas verdades e, incluso, podremos predecir y prevenir distintos eventos. El experto en privacidad y seguridad, Bruce Schneier, denomina a este 'cerebro en la nube' artificial, compuesto por dispositivos, sensores, hardware y procesos interconectados, la "World-Sized Web" (la red del tamaño del mundo)".[98] En efecto, dicha red podría inaugurar una nueva era de optimización y de híper-eficiencia, pero, ¿qué ocurriría entonces con las interacciones humanas?

El IoT promete enormes ahorros gracias a un futuro caracterizado por una mayor sostenibilidad, con una economía circular donde los recursos fueran reutilizados, reparados y reciclados tras su primer consumo, y donde los desperdicios fueran eliminados de forma eficiente.[99] El IoT sería posible gracias a la incorporación de sensores en cada objeto, manteniendo así conectado virtualmente todo y a todos. A continuación, por medio de la implementación de inteligencia artificial (IA) y análisis predictivos, la idea sería lograr una meta-inteligencia a través de una capacidad exponencialmente mayor de lectura, comprensión y aplicación de datos.

Las conversaciones que he tenido con distintos proponentes del IoT alrededor del mundo sugieren que, de realmente cumplir sus promesas, estaríamos hablando de ahorros de entre 30-50% en costos generales de logística y mensajería, de alrededor de un 30-70% en los costos de movilidad y transporte personal, y de entre 40-50% en gastos derivados de la energía, la calefacción y el aire acondicionado —y esto es sólo el comienzo—.

Los beneficios económicos potenciales de semejante conectividad son muy seductores: el IoT representa una empresa de enormes dimensiones y, sin lugar a dudas, eclipsará la fórmula anterior de "Internet de seres humanos + computadoras".

Nada grande entra en la vida de los mortales sin alguna maldición. —Sófocles[100]

El IoT está destinado a poseer un orden de magnitud mucho más potente que el Internet humano actual y, por ende, es infinitamente más probable que de él se deriven consecuencias indeseadas. Lo que resulte de la implementación del IoT podría ser el cielo o el infierno pero, independientemente de uno u otro escenario, es precisamente ahora cuando estamos calibrando la brújula que nos guiará en este recorrido.

¿Podría el IoT transformarnos en cosas?

Hoy en día ya tenemos bastantes efectos secundarios del Internet con los cuales lidiar. Asumamos que dichas consecuencias indeseadas en torno a la vigilancia, la pérdida de privacidad y la "obesidad digital", realmente no hayan sido intencionales. Al enfrentarnos con la aceptación global que está recibiendo el IoT, ciertamente debemos cuestionarnos cuánto más poder (acceso a nuestros datos y a IA para ser procesados) deseamos darle a los proveedores de estas soluciones, herramientas, motores y plataformas. También debemos preguntarnos si estas medidas de protección serían posibles sin un conjunto de acuerdos globales, sanciones eficaces, autorregulaciones, y formas de supervisión independientes.

Las principales plataformas, proveedores de servicios en la nube y otras compañías tecnológicas con sede en Estados Unidos, parecen ya incapaces de impedir que la Agencia de Seguridad Nacional (NSA), el FBI, y otras autoridades escaneen todos nuestros dispositivos y nuestros datos. Así las cosas, ¿cómo evolucionará esto durante los siguientes cinco a siete años, cuando podría llegar a haber más de 200 mil millones de dispositivos conectados entre sí?

En su versión más obscura, el IoT podría representar el clímax del pensamiento de las máquinas —el sistema operativo (SO) de espionaje más perfecto jamás diseñado, la mayor red de vigilancia en tiempo real jamás inventada, sometiendo por completo a los seres humanos, y eliminando en el proceso todo vestigio de anonimato—.[101]

Sólo imaginemos un mundo no muy lejano en el que:

- Su automóvil conectado comunicara todos sus datos en tiempo real, incluyendo su ubicación y todos sus movimientos en el asiento de copiloto.
- Todos sus pagos estuvieran vinculados a sus dispositivos inteligentes, por lo que el dinero en efectivo, las carteras y las tarjetas de crédito serían cosa del pasado.
- Su doctor pudiera saber lo poco que se han movido y caminado durante la semana, o bien, pudiera conocer su frecuencia cardiaca mientras duermen en un avión.

- Sus cerebros externos (también conocidos como dispositivos móviles) estuvieran ahora directamente conectados a su cerebro de carne y hueso a través de accesorios portables, interfaces cerebro-computadora (ICC) o implantes.
- Todo, y todos, se convirtieran en una especie de faro de datos, generando miles de gigabytes al día, que serían recolectados, filtrados y analizados en la nube por ejércitos de Watsons de IBM y DeepMinds de Google, gracias a sus cerebros de IA capaces de autoaprendizaje, siempre activos y siempre hambrientos.

Es muy probable que la eficiencia triunfaría sobre la humanidad en todos los ámbitos, y que pasaríamos a ser gobernados por el SO de una máquina gigante capaz de autoaprendizaje que, literalmente, se alimentaría de todo lo que le proporcionáramos, hasta que ya no le fuera necesario; llegado este punto, valdríamos menos que esta tecnología que habríamos creado y alimentado.

De ocurrir esto, la soberanía que ha definido durante las últimas decenas de miles de años a la humanidad estaría en peligro —y no por una creatura externa o por alienígenas, sino por los protagonistas de la tecnología y por sus agendas de híper-mecanización—.

Si al día de hoy no hemos acordado siquiera cuáles deberían ser las reglas y la ética en torno al Internet de las personas y sus dispositivos informáticos, ¿cómo lo haremos entonces en el caso de algo con el potencial de ser incluso mil veces más grande? ¿No deberíamos estar más preocupados ahora, cuando pretendemos avanzar por el simple hecho de que podemos hacerlo?

¿Quién tiene el control?

Hoy en día contamos con normas, guías, acuerdos y tratados sobre lo que está permitido en el área de la biotecnología y la bioingeniería —como la declaración de Asilomar de 1975 sobre el

ADN recombinante—.[102] También existen tratados en contra de la proliferación nuclear. Sin embargo, aún no hemos generado algo similar en torno a los datos y la inteligencia —que representan el petróleo de la era digital—. Aunque los datos estén rápidamente transformándose en la fuerza económica más poderosa de todas, al día de hoy todavía no existe un tratado global que regule qué está permitido hacer con los datos de los más de 3.4 mil millones de usuarios del Internet,[103] ni tampoco con la informática cognitiva o la inteligencia artificial general. A excepción de las armas nucleares, rara vez se han puesto tantas cosas en riesgo a semejante velocidad y con tan poca reflexión. En efecto, el uso exponencial de datos y ahora de la IA no tardará en rivalizar con el impacto de las armas nucleares y, no obstante, la IA en gran medida sigue sin estar regulada.

¿Quién garantizará que las principales compañías de datos y de IA están haciendo lo correcto? ¿Quién asegurará que las entidades dirigentes del novedoso y brillante IoT están haciendo lo correcto? Y, ¿qué es lo correcto, quién lo define? ¿Podremos siquiera distinguir entre lo correcto y lo incorrecto?

Los androritmos y el principio precautorio

¿Qué impediría que los nuevos amos del universo no sólo convirtieran los procesos y el hardware en datos, sino que también convirtieran a los humanos en cosas, ya sea por accidente o intencionalmente? A pesar del encanto que el IoT genera en la industria de la tecnología y sus obvios beneficios, éste sigue siendo un riesgo que deberíamos abordar con gran cuidado y atención.

Debemos encontrar un equilibrio que garantice un proceso de desarrollo verdaderamente humano, atemperando cada paso exponencial del progreso tecnológico con los intereses humanos, poniendo un freno a los ceros y a los unos que han comenzado a dominar nuestras vidas.

Sugiero humildemente que apliquemos una versión actualizada del principio precautorio (véase el capítulo 8) entre quienes pretendan dominar y distribuir las bendiciones del IoT: la responsabilidad de comprobar y asegurar que el IoT no será dañino para aquellos expuestos a él, debería recaer en aquellos que tengan el control, y sólo tras garantizar dicha responsabilidad podríamos seguir avanzando. Al mismo tiempo, deberíamos también permitir el surgimiento de abordajes proaccionarios, a fin de no sofocar la innovación.

Ya no se trata de una disyuntiva —pero la cuestión tampoco se reduce a una mera mezcla de estas estrategias—. Los *homo sapiens* se encuentran ahora en un territorio completamente desconocido, 70 años después de haber desatado la energía nuclear sobre la Tierra, como un experimento militar y tras una decisión política que a la fecha son controvertidos. Al no tener una nueva guerra mundial en el horizonte que justifique o excuse nuestro avance precipitado hacia "la tierra de los *big data*", estamos actuando como si todas las opciones fueran a seguir estando disponibles. El Internet de las cosas inhumanas podría rodear nuestra humanidad y alterar su esencia más radical —de la misma forma que podría divinizar y hacer omnipotentes a sus dueños—. Debemos ser precavidos y, al mismo tiempo, seguir siendo proaccionarios —sin embargo, estas dos agendas ya no pueden permanecer separadas, ya no pueden seguir siendo dirigidas por dos tribus distintas—.

Capítulo 6
De mágico a maníaco a tóxico

Inmersos en esta interminable juerga de luna de miel que es el progreso tecnológico, sería conveniente pensar en el precio que habremos de pagar el día de mañana, y para siempre.

En el año de 1961, uno de los padrinos del futurismo, y una gran influencia en mi trabajo, Arthur C. Clarke, dijo estas famosas palabras: "Cualquier tecnología lo suficientemente avanzada es indistinguible de la magia".[104] Como ya he subrayado en los capítulos previos, hoy estamos comenzando a ver lo que Clarke auguraba con esta afirmación profética: nos encontramos en medio de una verdadera explosión de magia: la ciencia y la tecnología están generando avances que rebasan nuestras fantasías más extravagantes.

Los efectos mágicos de la tecnología han cobrado gran importancia a nivel comercial, económico y social, propulsando el crecimiento meteórico y el éxito bursátil de compañías como Google, Apple, Facebook, Amazon, Baidu, Tencent y Alibaba. La magia tecnológica también se ha convertido en una fuerza clave, que ha hecho posible el surgimiento de *unicorns* y *dedacorns*, principalmente en los Estados Unidos y en China —compañías disruptivas y relativamente recientes que han entrado en escena, como Baidu, Dropbox, Uber y Airbnb—.

Cuando Google comenzó a funcionar en 1998, arrojando un resultado perfecto a la búsqueda de "vuelos baratos a Londres", esto era considerado una especie de magia. Lo mismo ocurría con la posibilidad de pedir casi cualquier libro, en cualquier parte del mundo, y que llegara a la puerta de nuestras casas en un par de días. La siguiente ola de innovación fue testigo del surgimiento de plataformas de entretenimiento mágicas, legales y de muy bajo costo como Netflix, Hulu, ViaPlay, Spotify, y YouTube, cambiando para siempre el modo en que consumimos medios audiovisuales —así como si tenemos o no que pagar por ello y cuánto—.

Ahora los momentos mágicos están por todas partes. Simplemente activamos nuestra aplicación de Shazam, y alzamos nuestro teléfono inteligente dirigiéndolo hacia cualquier fuente de música. Entonces Shazam identificará la canción que está sonando, conectándonos inmediatamente a cualquier plataforma musical que usemos, para guardar la canción y así poder escucharla o compartirla más tarde. El proceso de identificar o descubrir música nueva solía ser muchísimo más complejo; pero ahora se ha vuelto incluso más sencillo que hacer una llamada telefónica.

Para la mayoría de nosotros, evidentemente, los dispositivos móviles y las aplicaciones son la principal manifestación de la magia tecnológica: con frecuencia parecería que "debe haber (o debería haber) una aplicación para eso", al grado de haberse vuelto una especie de respuesta predeterminada para cualquiera de los obstáculos que podríamos enfrentar en nuestras vidas diarias —siempre y cuando estemos conectados a Internet móvil de banda ancha, y que seamos dueños de un potente dispositivo móvil (esto es, casi siempre)—.

Tan sólo en la tienda de aplicaciones de Apple podemos usar decenas de miles de aplicaciones que nos permiten editar nuestras imágenes, y también cientos de aplicaciones de citas. Hay también innumerables aplicaciones para planificar y gestionar nuestra agenda, aplicaciones para auxiliarnos con un divorcio, así como varios servicios muy útiles que nos notifican cuando un pañal está mojado (como Tweetpee), numerosas aplicaciones que nos permiten hacer vudú digital a distancia, y —lo más importante— ¡todo tipo de simuladores de flatulencias!

En todo el mundo observamos que la magia es lo que impulsa a la tecnología, lo que mueve al negocio de los dispositivos móviles, y por qué un teléfono inteligente hoy en día es más importante que una computadora. La jerarquía de la pirámide de necesidades de Maslow también ha cambiado como consecuencia: junto a las necesidades básicas como serían comer, beber y tener un techo, también deberíamos incluir ahora los dispositivos móviles, los teléfonos inteligentes y la conectividad Wi-Fi que, con frecuencia, ¡serían más importantes que el sexo, la amistad y el prestigio! En un futuro no muy lejano, parece inevitable que también incluyamos en esta jerarquía a los asistentes digitales inteligentes (IDAs).

Con la llegada del Internet de las cosas (IoT) los vehículos autónomos (automóviles que conducen por sí mismos), la inteligencia artificial (IA) y los asistentes inteligentes, incluso las actividades y procesos más cotidianos adquirirán poderes mágicos. Por poner un ejemplo, Libelium, uno de los principales proveedores de magia de negocio-a-negocio (B2B), busca avivar el mundo a través de agricultura, ciudades y energía inteligentes.[105] Su intención es hacerlo a través de la configuración de enormes redes de sensores para lograr que casi cualquier dispositivo que antes fuera "tonto" se transforme en una verdadera pieza de hardware inteligente, ya sea un tractor en el campo o un árbol en el parque.

Con este tipo de soluciones inteligentes, cada tubería sabría qué tan caliente está, cuánto gas está fluyendo a través de ella, qué tanto ruido hay afuera, y muchas otras cosas más. Cada semáforo sabría cuántos automóviles y personas están pasando a su lado, qué direcciones de Bluetooth de dispositivos Mac suelen aparecer, así como el nivel de contaminación —digan qué quieren medir, coloquen el equipo adecuado, y el ambiente inteligente podrá identificarlo y medirlo—. Ante las recompensas potenciales, no es de extrañar que toda compañía tecnológica esté destinando grandes cantidades de recursos al IoT.

La magia está diseñada para aumentar y acelerar la adopción de la tecnología mucho más allá de nuestras expectativas más extremas. El iPhone es (¿fue?) mágico —de hecho, para muchas personas incluso llegó a ser la definición misma de la magia—. El iPad es mágico, la realidad aumentada (RA) y la realidad virtual (RV) son magia (el 2016 marcó el surgimiento repentino de ambas), los automóviles de Tesla son magia, el HoloLens de Microsoft es mágico… a cada minuto surge todo tipo de magia.

Una cuestión crucial es cómo está bajando el precio de toda esta magia —pues, como ocurre en el caso de las drogas ilegales, tanto el precio como la disponibilidad de una oferta mágica siempre tendrá un impacto material en cuán rápido y profunda sea su expansión—. En cinco años seremos testigos de cómo formas de magia que solían ser tremendamente caras, como el análisis del genoma humano, e incluso algunas formas de supercomputación, acabarán siendo muy, muy baratas. Sólo pensemos en cómo esto afectará la forma en que vivimos, cuando tengamos un reino mágico personal a disposición de cada uno de nosotros. Cada problema sería resuelto por la tecnología. Seríamos como dioses.

Seres humanos mágicos: la inteligencia en nuestro interior

Ahora bien, la magia tecnológica está comenzando a trascender el ámbito del hardware y de las cosas mismas —ya no se limita a dispositivos, *gadgets*, servicios o conectividad—. La magia tecnológica cada vez trata más sobre nosotros mismos, sobre nuestros cuerpos, sobre nuestras mentes, sobre nuestra humanidad.

Hay una gran cantidad de investigadores que han presentado recientemente evidencia sobre cómo el Internet y, en particular, la magia de las redes sociales, está efectivamente generando reacciones físicas muy reales en nosotros.[106] Han descubierto que las endorfinas y la dopamina se aceleran a través de nuestros cuerpos cuando un extraño, a miles de kilómetros de distancia, da *like* a una de nuestras publicaciones, o ha subido un comentario que nos ha hecho sentir valiosos y apreciados. Al parecer, ésta es una reacción biológica preestablecida que ocurre sin mucho esfuerzo, y que podría no depender de nuestro control consciente y, a su vez, ésta parece ser una de las razones por las que algunas redes sociales se están volviendo incluso más valiosas que muchas páginas de distribuidoras y de comercio electrónico.

Esta especie de trampa de placer representa uno de los ingredientes clave de la salsa secreta de las redes sociales más importantes.[107] A su vez, ésta es una de las principales razones por las que yo mismo en enero de 2016 consideré seriamente abandonar Facebook —pues sentía que el hecho de dejarme manipular emocional e intelectualmente me estaba conduciendo cómodamente hacia una extraña especie de inhumanidad—. Sin embargo, seis semanas después me di cuenta de que no podía ignorar el hecho de que el 60% del tráfico de mis páginas web provenía de Facebook, por lo que representaba un problema complejo para mí que necesitaba mayor análisis. Por ahora sigo publicando cosas, pero ya casi no uso Facebook como una fuente de noticias o como un medio.

Además del papel evidente de la magia en las redes sociales, la magia tecnológica está aumentando el impulso universal a su rápida adopción, porque hace que nuestra química se active y pone nuestros sentidos a tope. Cada vez que vemos los videos que grabamos con nuestras cámaras GoPro, por ejemplo, de nuestro salvaje recorrido en bicicleta de montaña por Arizona, experimentamos el cosquilleo de esta magia. La magia de WhatsApp nos permite estar conectados instantáneamente con nuestros seres queridos, gratuitamente —en cualquier punto del mundo— y compartir todos esos momentos mágicos con ellos.

Pero, entonces, ¿cuál sería el problema?

Es cierto que muchas de estas tecnologías en general deberían ser bienvenidas y, claro está, yo mismo disfruto de ellas con mucha frecuencia. La adicción a la tecnología, su uso excesivo, o la extrañeza social que pueden generar, han sido una cuestión de interés durante los últimos años, aunque en su mayor parte son considerados problemas relativamente benignos, o bien, como cuestiones generalmente destacadas por personas con rasgos luditas, personas que prefieren no estar en línea, así como promotores de una desintoxicación digital. Con frecuencia me preguntan cuál sería el problema, y por qué toda esta magia tecnológica debería preocuparnos, así que permítanme compartirles algunas reflexiones al respecto.

La tecnología exponencial dentro de poco detonará una cadena de "retos de bomba atómica"

Creo que en este momento nos encontramos justo al centro del punto de inflexión de la curva exponencial del desarrollo tecnológico, lo que constituye un momento clave en la historia. En ciertos aspectos, nuestros científicos y tecnólogos se enfrentan ahora a una situación similar a la que Albert Einstein enfrentara en su momento. Aunque Einstein se consideraba un pacifista, en 1939-1940 instó al presidente Roosevelt para que acelerara la construcción de la bomba nuclear, a fin de terminarla antes que los alemanes lo hicieran. Sin saberlo, en 1941 Einstein contribuyó al desarrollo de la bomba nuclear, al ayudar a Vannevar Bush a resolver algunos intrincados problemas matemáticos que estaban frenando el programa atómico de los Estados Unidos.[108]

A este respecto, el historiador Doug Long comenta lo siguiente:

> El biógrafo de Einstein, Ronald Clark, ha destacado que la bomba atómica hubiera sido inventada incluso sin las cartas de Einstein aunque, de no haber sido por el trabajo inicial desarrollado en los Estados Unidos a raíz de dichas cartas, las

bombas atómicas no hubieran estado listas a tiempo para ser utilizadas en Japón durante la guerra.[109]

En noviembre de 1954, cinco meses antes de su muerte, Einstein resumió su sentir respecto a su papel en la creación de la bomba atómica:

He cometido un gran error en mi vida… cuando firmé aquella carta dirigida al presidente Roosevelt recomendándole que se fabricaran bombas atómicas; sin embargo, esto estaba en cierta medida justificado por la amenaza de que los propios alemanes llegaran a fabricarlas.[110]

"El espíritu humano debe imperar sobre la tecnología"
—Albert Einstein[111]

Actualmente encontramos argumentos análogos a los de Einstein en 1939, que son presentados para justificar la búsqueda acelerada de tecnologías exponenciales de alto riesgo, como la inteligencia artificial general, la geo-ingeniería (controlar el clima a través de tecnología), la implantación de sistemas armamentísticos autónomos, y la modificación genética de los seres humanos. Los argumentos más típicos que sigo escuchando son del tipo "si no lo hacemos, alguien más lo hará (seguramente, alguien malvado), y nos habremos quedado rezagados", o bien, "independientemente de todos estos peligros, estas tecnologías le harán un bien al mundo —si no las aprovechamos estaríamos cometiendo una insensatez"—, o "no hay forma de des-inventar algo por el simple hecho de dejar de inventar; el hecho de intentar crear algo, si hay algo que de hecho pueda ser inventado, forma parte de nuestra naturaleza humana".

Mi respuesta es siempre la misma: la tecnología ni es buena ni es mala; simplemente es. Debemos acordar y decidir —aquí y ahora— qué sería exactamente un buen o un mal uso de la tecnología.

Ahora mismo, mientras leen esto, en múltiples áreas se están inventando y probando tecnologías mucho más potentes que la energía nuclear o que las bombas atómicas. Estos avances tan rápidos parecen inevitables y, para detenerlos, no bastará con indicar la necesidad de aplicar el principio precautorio, responsabilizando a quienes inventen nueva tecnología para que demuestren primero que estas creaciones son realmente inocuas (véase el capítulo 8).

Considero que el reto crucial es éste: ¿cómo garantizaremos que estos avances tecnológicos inevitables sigan siendo 98% mágicos, esto es, que sean usados a favor de la prosperidad colectiva de la humanidad, y no vayan a dar repentinamente un vuelco hacia el lado obscuro? Piensen en los grandes descubrimientos que podrían hacerse a través de la edición genética, como prevenir la aparición del cáncer. Ahora imaginen el uso potencial que se le podría dar a estos mismos avances para crear quimeras de humanos y animales, que diera pie a un aumento espectacular de cíborgs (seres humano-máquina), o que nos permitiera determinar nuestra propia constitución genética.
Todas estas iniciativas podrían parecerse mucho al uso dado a la energía nuclear para desarrollar bombas atómicas, con la posibilidad, en este caso, de crear múltiples "Hiroshimas digitales".

¿Cuáles serán los parámetros éticos a seguir? ¿Estamos al menos de acuerdo con alguna base ética a nivel global? ¿Cómo lograremos que todas las naciones se pongan de acuerdo en la definición o en la delimitación de las facetas obscuras del desarrollo tecnológico? ¿Quién se hará cargo de monitorear posibles violaciones a estos acuerdos y, en general, cómo podríamos evitar una espiral mortal hasta lo que el autor James Barrat llama "nuestras invenciones finales"?[112] Todas estas razones indican por qué el debate sobre la ética digital es esencial (véase el capítulo 10).

El crecimiento exponencial de los datos, de la información, de la conectividad y de la inteligencia, hoy en día representan el nuevo petróleo del mundo digital, con el que se están impulsando cambios dramáticos en cada aspecto de nuestro mundo. Estamos cruzando el umbral que lleva de los meros cálculos matemáticos y los códigos de computadoras a posibilidades tan potentes como los ataques nucleares.

> *"Una pulgada cúbica de circuitos de nanotubos, una vez desarrollada por completo, podría llegar a ser un millón de veces más poderosa que el cerebro humano".*
> —*Ray Kurzweil*, The Singularity is Near: When Humans Transcend Biology (La singularidad tecnológica está cerca: cuando los humanos transciendan la biología)[113]

La ciencia y la tecnología ya nos han dotado de un poder inmenso. Dentro de los siguientes 20-30 años seremos testigos de una serie de puntos de inflexión en la curva exponencial, como serían, por ejemplo, la computación cuántica y la llegada de la así llamada singularidad tecnológica. Conforme ascendamos a lo largo de la curva a un paso acelerado, nos iremos volviendo infinitamente más poderosos, adquiriendo capacidades más allá de lo que podamos imaginar. Parafraseando lo que, según las fuentes, muchos han dicho a lo largo de la historia, desde Voltaire hasta el padre de *Superman*, "Un gran poder conlleva una gran responsabilidad".[114]

Ante todo, ¿cómo podríamos sacar partido del enorme poder de las tecnologías exponenciales a favor de la felicidad humana? ¿Cómo podríamos asegurar que se dedicara una misma cantidad de esfuerzo al establecimiento de arreglos, acuerdos y normas que nos protegieran de resultados maníacos o tóxicos? ¿Cómo definir dónde acaba la magia?

Bienvenidos a la explosión mágica

En cuanto ocurra un incremento exponencial de lo que me gusta llamar el "coeficiente mágico", los problemas hasta ahora latentes del abuso o mal uso de la tecnología también incrementarán —

quizá exponencialmente— y, de nuevo, lo harán primero gradualmente, luego súbitamente.

Aunque sigo viendo con optimismo nuestra capacidad colectiva para canalizar el poder de las tecnologías exponenciales, también me preocupa que, en casi todos los casos de cambio exponencial y combinatorio, subyace el riesgo real de pasar en muy poco tiempo de lo mágico a lo maníaco, y de ahí a lo tóxico. Por lo tanto, en estos momentos simplemente no podemos permitirnos una gestión deficiente. Los desafíos que enfrenta nuestra humanidad están cada vez más cerca, el coeficiente mágico está disparándose, y siempre estamos muy cerca de llegar a lo maníaco.

La pregunta clave ya no es si ocurrirá o cómo lo hará, sino por qué

Como ya hemos comentado, nos encontramos actualmente en un punto de inflexión en el progreso exponencial y combinatorio, un punto en el que el bienestar de toda la raza humana podría en gran medida enriquecerse, o bien, sufrir un enorme empobrecimiento como consecuencia de la tecnología. Dentro de muy poco la pregunta ya no será si cierta magia tecnológica podría o no llegar a hacerse realidad —la respuesta casi siempre será afirmativa—. Las preguntas clave ahora giran en torno a las razones de hacerlo: ¿por qué debería hacerse, quién estará a cargo o tendrá el control, y qué podría significar todo esto para el futuro de la humanidad?

A fin de conservar una ambiente que realmente fomentara la prosperidad humana, debemos reflexionar a fondo tanto las consecuencias indeseadas como la inclusión predeterminada de otros factores externos. Hemos de empezar a prestar atención a todos los efectos secundarios y otras externalidades que podrían presentarse, mismos que con frecuencia no suelen estar contemplados inicialmente como parte del modelo de negocio *per se*, como puede observarse al evaluar el impacto del calentamiento global, fruto de nuestra dependencia de combustibles fósiles. Debemos agilizar la presencia de este tipo de cuestiones en la agenda de las corporaciones, haciendo del pensamiento holístico nuestro abordaje predeterminado.

Ahora, conforme la tecnología va adquiriendo un poder y una velocidad enormes, más allá de toda imaginación, también se avecina una explosión de magia que nos haría semejantes a dioses. Los asistentes digitales inteligentes no tardarán en volverse súper-inteligentes, omnipresentes, tremendamente baratos, invisibles, y estarían insertados en absolutamente todo — incluidos nosotros—.

El lugar en el que nos encontramos hoy difiere radicalmente de otras etapas pasadas en las que la tecnología posibilitaba la magia. Particularmente, seremos testigos de desarrollos combinatorios y exponenciales, capaces de una magia absolutamente distinta en términos de tamaño, alcance y tipo, al compararla con todo lo que hayamos visto hasta ahora y con todo lo que podríamos imaginar. Una cosa es utilizar un motor de búsqueda para encontrar una gran oferta para una habitación de hotel, y otra muy diferente sería que todo el proceso de reservaciones de nuestro viaje fuera ejecutado por los sucesores de los IDAs que ahora conocemos, como Siri de Apple, Cortana de Microsoft, M de Facebook, o Amelia de IPSoft. La actual ola de IDAs será semejante al primer modelo T de Ford, a comparación de los actuales Ferraris y Teslas. ¡No hemos visto nada aún!

La tecnología se vuelve interna: separándonos del mundo, desconectándonos cada vez más de nuestras experiencias humanas

Si bien el motor de búsqueda tradicional sirve como una herramienta externa, al modo de un martillo con el que se construye una casa, el planteamiento de los IDAs es permitir que el propio martillo sea el que diseñe la casa. La tecnología se está volviendo cada vez más semejante a nuestro propio cerebro, migrando a nuestro interior. La distinción entre la herramienta y nosotros mismos se está desvaneciendo.

Quizá ya se han percatado de esta tendencia de dejar que los IDAs hagan el trabajo por nosotros. Siri puede contestar nuestras preguntas y dirigirnos instantáneamente a las fuentes pertinentes, mientras que Alexa puede pedir los libros por nosotros y leerlos en alto, y Amelia puede reservar nuestros viajes en lugar de tener que hacerlo nosotros. Los asistentes digitales inteligentes se han convertido en las nuevas aplicaciones, y dentro de unos cuantos año su uso se habrá generalizado mucho más.

Ahora sólo imaginen el grado de separación y de desconexión personal, el nivel de pérdida de habilidades y de abdicación generalizada que podría derivarse del uso de estos asistentes gratuitos, omnipresentes e híper-inteligentes:

* Sabrán quiénes somos —conocerán cada dato, cada comunicación que hayamos tenido, cada movimiento que hayamos hecho, cada migaja digital—.
* Literalmente conocerán todo sobre nuestras áreas de interés, sobre nuestras intenciones y deseos en este preciso instante, ya sea una mera transacción, una reunión, o cualquier otra cosa.
* Serán capaces de hablar con millones de otros asistentes para crear un efecto de red extremadamente poderoso —un cerebro en la nube global—.
* Podrán comunicarse por nosotros en más de 50 idiomas, y éste es sólo el comienzo.

> *"La digifrenia: el modo en que nuestros medios de comunicación y nuestras tecnologías nos empujan a estar simultáneamente en más de un lugar". — Douglas Rushkoff*, Present Shock: When Everything Happens Now (El shock del presente: cuando todo ocurre ahora)[115]

No hay duda de lo irresistible que serán la velocidad, la potencia, la diversión y la conveniencia absolutas de estos IDAs —y, a mi parecer, es casi indudable que nos conducirán a una pérdida de habilidades humanas y a un distanciamiento emocional de enormes dimensiones—. Los IDAs tomarán el lugar que dejen los teléfonos inteligentes, llevando la interfaz informática al ámbito de nuestros pensamientos, nuestras expectativas y nuestras conductas habituales. Llegado este punto, la distancia que nos separa de las interfaces directamente implantadas en el cerebro y de formas híbridas de humanidad será mínima.

Piensen, por ejemplo, en la impresión en 3D: si pudiéramos imprimir una comida fantástica al instante, ¿aún querrían cocinar? Si tuviéramos a nuestra disposición un dispositivo de traducción instantánea, ¿seguiríamos aprendiendo idiomas? Si pudiéramos dar órdenes a nuestras computadoras a través de nuestras ondas cerebrales, ¿seguiríamos aprendiendo a mecanografiar? Si la necesidad es la madre de la invención, ¿sería entonces la elección el padre de la abdicación?

Piensen en esto: es muy impresionante darnos cuenta de que una computadora central en la década de los setenta ocupaba todo un cuarto de estar, y que hoy en día podríamos sostener la misma computadora en la palma de nuestras manos dentro de un dispositivo iPhone o Android. Ahora, imaginen la potencia cuántica de un millón de esos dispositivos disponibles en una nube inteligente, espontáneamente accesible a través de la voz, de gestos e incluso a través de interfaces cerebro-computadora (ICCs).

Cuando esta explosión mágica ocurra:

- Casi todo será percibido o definido como un servicio, pues todo estaría digitalizado, automatizado e inteligizado. Esto tendría un enorme impacto económico conforme fuera progresivamente generando abundancia en casi todos los sectores de la sociedad —primero en la música, las películas y los libros, seguidos del transporte, el dinero y los servicios financieros y, finalmente, en los tratamientos médicos, los alimentos y la energía—. Considero que dicha abundancia al cabo causaría el colapso del capitalismo como hasta ahora lo conocemos, y daría inicio a la era, aún por definir, del post-capitalismo.

- Los seres humanos nos volveríamos extremadamente poderosos —pero también extremadamente dependientes de estas herramientas al grado de que, como ocurre con el agua, no podríamos funcionar sin ellas—.

- Tendríamos la tentación constante de reducir o eliminar por completo las idiosincrasias humanas, como serían la contemplación o la imaginación, pues parecen ser un freno para nosotros (y también para los demás).

- Estaríamos a merced de la manipulación y de la influencia desproporcionada de cualquiera que supiera cómo utilizar el sistema.

- Nos estaríamos convirtiendo en máquinas con tal de poder permanecer en un mundo mecanizado.

- Conforme la biología le fuera cediendo terreno a la tecnología, nuestros sistemas biológicos se tornarían cada vez más en una cuestión opcional, reemplazable y, finalmente, pasarían a ser meros vestigios.

- En un escenario donde la tecnología se fuera convirtiendo en la plataforma dominante del mundo —ofreciéndonos fácilmente y en todo lugar la "única verdad según la tecnología"— nuestras propias culturas, los símbolos que hemos heredado, nuestras conductas y nuestros rituales podrían caer en desuso.

Es evidente que la cuestión se resume en si estas tecnologías exponenciales seguirían o no siendo herramientas. Sostengo que no seguirían siéndolo pues, tanto en el caso del martillo, como en el caso de la electricidad o del propio Internet, aunque realmente nos importunaría que ya no estuvieran disponibles, podríamos seguir viviendo incluso en su ausencia. En pocas palabras, ni la electricidad ni el Internet son tan importantes como el oxígeno o el agua: sólo mejoran mucho nuestras vidas.

Sin embargo, como si realmente fueran oxígeno, muchas tecnologías exponenciales ya no serían consideradas meras herramientas, sino requisitos vitales, llegando a un punto en el que dejaríamos de ser natural o plenamente humanos. Y es justo aquí donde considero que debemos trazar una línea. Éste es el punto en el que estaríamos encaminándonos a convertirnos en tecnología, dado que dichas tecnologías nos serían tan vitales como respirar. Creo que no deberíamos cruzar esta línea —al menos no de forma involuntaria o azarosa—. Si bien es razonable pensar que algunas personas realmente se beneficiarían de ser en parte máquina, por ejemplo, por un accidente o alguna enfermedad, proceder así voluntaria e intencionalmente sería completamente distinto.

Sólo imaginen cómo sería la vida tras una explosión mágica —nuevas herramientas, millones de veces más potentes que las que tenemos actualmente, casi gratuitas, siempre disponibles y por doquier—. Sería inconmensurable. Sería irresistible. Sería adictivo. ¿Deberíamos simplemente ceder ante semejante evolución —como muchos tecnólogos sugieren—, abrazando la convergencia inevitable y completa entre el hombre y las máquinas o, más bien, deberíamos adoptar una postura más proactiva, determinando qué cosas crear y cuáles no?

¿Estamos destinados a convertirnos en tecnología porque ésta podrá finalmente entrar en nuestros cuerpos? Formulemos algunas preguntas sencillas: ¿Quién no querría tener semejante magia? ¿No nos sentiríamos acaso inferiores o discapacitados, si estas tecnologías mágicas no estuvieran disponibles o estuvieran ausentes? ¿Nos sentiríamos acaso tan limitados como si hubiéramos perdido repentinamente nuestro oído o nuestra vista? ¿Aceptaríamos con naturalidad estas tecnologías como extensiones de nosotros mismos, como ya lo hemos hecho en el caso de los dispositivos móviles inteligentes? ¿Se difuminaría por completo nuestra comprensión de la distinción entre lo que somos y lo que no somos (i.e. ellos o ello)? ¿Qué podría implicar esta mediación absoluta para la experiencia del mundo que nos rodea?

¿Qué ocurriría con nuestra toma de decisiones? ¿Qué pasaría con nuestro mundo emotivo? ¿Cómo responderemos?

Me preocupa el hecho de que ya hayamos empezado a confundir la magia de las herramientas con el efecto semejante a las drogas que ejercen la conectividad constante, la mediatización, la pantallización, la simulación y la virtualización. Lo mágico ya está pasando a ser maníaco —adictivo, tentador, estimulante, demandante— y, así las cosas, ¿qué ocurrirá cuando el coeficiente mágico llegue a ser de 1,000, cuando la tecnología se torne infinitamente más potente, barata e inseparable de nosotros?

"Primero construimos las herramientas, luego son las herramientas las que nos construyen a nosotros". — Marshall McLuhan[116]

Me temo que estamos entrando en un periodo de desarrollo exponencial que, de ser desenfrenado, no podrá desembocar en la felicidad humana al modo en que ésta fue definida por Aristóteles, a saber, como el sentido más profundo de *eudaemonía*, con su sentido humano de conexión y contribución (véase el capítulo 9). También me temo que este escenario implicaría una reducción y no una expansión de quienes somos: ya no sería empoderamiento, sino esclavitud disfrazada de regalo, un caballo de Troya de proporciones verdaderamente épicas.

De mágico a maníaco a tóxico

Cada vez resulta más claro que la transición de lo mágico a lo maníaco y de aquí a lo tóxico está siendo muy rápida, y que acarrea consecuencias imprevistas tanto dramáticas como nocivas. Piensen un momento en lo siguiente: para miles de millones de personas, el placer y la magia de poder compartir fácilmente las fotografías de las vacaciones familiares a través de Flickr son algo obvio. Flickr estaba disponible mucho antes que iCloud, Dropbox o Facebook (la plataforma más maniática que puedo imaginarme), y que ahora nos permiten compartir nuestro patrimonio con incluso mayor facilidad.

Sin embargo, Flickr puede volverse fácilmente espeluznante, si alguien se apropia de lo que hemos compartido con tanta alegría para nuestros amigos y familiares, y lo saca totalmente de contexto, o bien, lo usa de una forma que contradice radicalmente nuestra intención original.

Por ejemplo, cuando en el 2015 la compañía holandesa Koppie-Koppie quiso vender tazas de café con imágenes de tiernos bebés, recurrió a Flickr para utilizar libremente las imágenes que se encontraban bajo la licencia de *Creative Commons* (CC), usando las fotos familiares como modelos gratuitos.[117] Mientras las fotografías hubieran sido cargadas con la licencia CC, Flickr consideraba que este uso estaba justificado. Pero, ¡oh sorpresa! La mayoría de los dueños de las fotos y sus padres estaban en total desacuerdo. Sin duda, nos encontramos ante un uso de la tecnología que va en contra de su propósito original. En muy poco tiempo, con la amplificación de las tecnologías interconectadas, las consecuencias indeseadas pueden cobrar dimensiones enormes.

Para algunos usuarios, el efecto mágico de compartir en Flickr quedó inmediatamente destruido por una interpretación diferente de los permisos de uso, así como por esta infame explotación en un contexto imprevisto —que, si bien no fue un acto ilegal *per se*, sí podría ser calificado de siniestro—. El caso de Koppie-Koppie es un gran ejemplo de la rapidez con la que puede pasarse de lo mágico a lo tóxico.

Las consecuencias imprevistas crecerán exponencialmente y a la par de las tecnologías que las generen

Es cierto que el caso de Koppie-Koppie es un incidente relativamente menor (a menos que se hubiera tratado de las imágenes de sus propios hijos), en el que el daño tangible es más bien pequeño. Sin embargo, este caso hace que nos surja una pregunta: ¿Qué pasaría si nuestra participación en algo que parece muy benigno, conveniente e incluso provechoso para todos, se volviera tan potente que desarrollara sus propios designios, sus propias razones de existir, una vida propia? En este sentido, Facebook vuelve a ser el ejemplo paradigmático —razón por la que he dejado de usarlo casi por completo—.

¿Qué pasaría si esta entidad, cada vez más poderosa, comenzara a infringir mis deseos más tácitos e implícitos de privacidad pero, al estar tan profundamente integrada en nuestras vidas, no pudiéramos hacer mucho al respecto? ¿Qué pasaría si estuviéramos tan inmersos en este nuevo medio que empezáramos a olvidar dónde empieza y dónde termina?

¿Qué ocurriría si la capacidad y el alcance tecnológicos de una organización de inteligencia se volvieran mil, cientos de miles, incluso millones de veces más poderosos que ahora, que es precisamente lo que prometen la informática cuántica y la informática cognitiva: computadoras millones de veces más rápidas que cualquiera de las actualmente disponibles, así como software que no requeriría programación, sino que aprendería todo lo que necesitara una vez puesto en marcha?

¿Cuáles podrían ser las consecuencias indeseadas de todos estos desarrollos? ¿Acaso estos nuevos intermediarios y nuevas plataformas acabarían siendo más intencionales en cuanto al uso cuestionable de nuestros datos, con tal de generar una mayor rentabilidad basada en nuestra participación, y a fin de satisfacer las expectativas financieras de sus propietarios o de los mercados públicos? Ante la casi completa ausencia de regulaciones significativas para las plataformas digitales, ¿podrían estas organizaciones tan poderosas resistirse a la tentación de cruzar la línea entre los abusos no intencionados y los premeditados?

¿Qué nos hace pensar que esto no ocurrirá? Simplemente debemos tomar en consideración todos estos "y si" tan inquietantes, pues se trata de la vía que ahora mismo estamos recorriendo —un camino impulsado por las tecnologías exponenciales—. El poder de las redes sociales en la era de la Web 2.0 parecerá un juego de niños en cuanto conectemos a todos y a todo a un IoT en la nube tremendamente poderoso, y que contenga sistemas de IA en constante aprendizaje y expansión, como Watson de IBM y DeepMind de Google. Literalmente, todos nuestros datos, incluyendo nuestra información médica y biológica más personal, también estarán disponibles, y no podremos siquiera pestañear sin que alguien lo sepa, tanto en la vida real como en el ámbito digital.

Creo que tanto la tecnología como sus proveedores, siguiendo un ritmo exponencial, se volverán infinitamente más hábiles para averiguar exactamente quiénes somos, qué estamos pensando, y cómo "jugar con nosotros" —y todo esto a mucho menor costo—. Por lo tanto, tendremos que poner mucha más atención en dónde acabamos nosotros y dónde empiezan ellos, esto es, dónde ocurre el encuentro entre mi humanidad y su tecnología —al grado de ser inseparables—.

En un mundo como éste, habrá ciertos problemas que adquirirán dimensiones considerables. Por ejemplo, ¿qué tanto se verá afectada nuestra percepción por el efecto del filtro burbuja, cuando sólo podamos ver y leer aquellas cosas que hayan sido filtradas para nosotros a través de una serie de algoritmos? ¿Cómo podríamos contrarrestar el riesgo de los sesgos y de la manipulación, cuando ya no podamos siquiera reconocer la lógica detrás de lo que veamos y de lo que no veamos?

Ésta es una buena oportunidad para empezar a pulir nuestras habilidades de observación y de desafío, a fin de gestar un manejo más holístico de este estado de cosas. ¿Qué podría significar todo esto para las esperanzas depositadas en los políticos y en los funcionarios de gobierno?

Los asistentes digitales inteligentes y la nube como extensiones de nosotros mismos

Hoy en día ya estamos utilizando en muchos casos formas simples de la inteligencia de las máquinas, por ejemplo, en nuestras aplicaciones de mapas, el software de nuestros emails, o en las aplicaciones de citas. Sin embargo, aunque algunas aplicaciones como TripAdvisor nos pueden decir las opiniones de otras personas sobre un restaurante que estamos considerando, no conocen toda nuestra historia culinaria de los últimos 20 años. Tampoco pueden saber qué hay en el interior de nuestros refrigeradores, ni pueden monitorear nuestro inodoro, como se ha llegado a proponer en Japón como un nuevo servicio,[118] ni tampoco relacionan toda esa información para compararla con otros 500 millones de puntos de datos de otros usuarios que podrían estar disponibles ahora mismo. No obstante, TripAdvisor ya es, de hecho, bastante útil, y se ha convertido en algo imprescindible para prácticamente cualquier restaurante y hotel. Por poca inteligencia que posea, se trata de una herramienta útil si no perdemos de vista el contexto de sus valoraciones y recomendaciones.

Este nivel de asistencia benigna, más bien mecánica y directa, pero no por ello menos útil, no tardará en ser eclipsada por los rápidos avances que se están dando en el desarrollo de los IDAs. Esta siguiente generación de asistentes estarán instalados principalmente en la nube en lugar de en nuestros dispositivos, y serán capaces de monitorear todo lo que hagamos a través de nuestros *gadgets* móviles, nuestros sistemas de automatización en el hogar, así como nuestros sensores y computadoras. Sólo imaginen la potencia cuántica del Watson de IBM a nuestra disposición a través de nuestros dispositivos móviles —y lo único que tendríamos que hacer es pedirlo, sin necesidad de tocar siquiera un teclado—. Pero ahora imaginen si sólo tuviéramos que pensar en algo para enviar una orden por medio de nuestro ICC. Ser sobrehumanos es algo factible.

En el 2016 Siri, Google Now y Cortana ya podían responder nuestras preguntas sencillas sobre el clima o dónde podíamos encontrar algo, y la IA de Gmail era capaz de responder algunos de nuestros emails en nuestro lugar. Dentro de poco serán capaces de fijar la mayoría de nuestras reuniones y organizar nuestros vuelos sin ningún tipo de supervisión. Pasado mañana podrán ser nuestros amigos de confianza en el cielo. Después de esto se volverán tan importantes como nuestros propios ojos y oídos. Posteriormente podría ocurrir cualquier cosa, pero sigue latente la misma pregunta: ¿realmente nos harán felices? Y, en el fondo, ¿qué es la felicidad? (véase el capítulo 9).

En su artículo del 2015, *"Is Cortana a Dangerous Step Towards Artificial Intelligence?"* (*¿Representa Cortana un paso peligroso hacia la inteligencia artificial?*), el escritor Brad Jones explica lo siguiente:

> Las IAs asumen sus propias personalidades, y se vuelven más inteligentes al recolectar datos e información del mundo que las rodea. Sin embargo, dicho conocimiento acaba por colmar los recursos disponibles del constructo, y al cabo de cierto tiempo la IA será desmesurada. Una IA en un estado de desmesura concebiría a los seres humanos como inferiores a ella, gestando así un sentido ilusorio de su propio poder e intelecto.[119]

La cuestión central será si estos IDAs serán capaces de hacer cosas más allá de aquello para lo que hayan sido específicamente programados —y, como ya se ha comentado, esto es exactamente lo que el aprendizaje profundo nos promete, esto es, una máquina que pueda realmente enseñarse a sí misma, una máquina pensante que estuviera aprendiendo por sí misma en lugar de ser meramente programada.

Estas extensiones de nosotros mismos emplearán la potencia exponencial de las redes neuronales, del aprendizaje profundo, y de la informática cognitiva, para proporcionarnos servicios extremadamente potentes, personalizados, y con una gran capacidad de anticipación.

Durante dicho proceso es casi seguro que también desarrollarán capacidades pre-cognitivas. Si a esta mezcla se le añade la RA/RV y las ICCs, el cielo dejará de ser el límite para lo que las siguientes generaciones de IDAs podrían llegar a hacer.

En cuanto mi IDA o bot conozca toda mi historia, tenga acceso a todos mis datos en tiempo real, y pueda comparar estos contenidos con los datos de cientos de millones de otros IDAs interconectados, sería entonces muy factible que mi IDA pudiera predecir mis acciones y mis respuestas. Bienvenidos al pre-crimen, la noción de poder impedir crímenes porque nuestros bots estarían al tanto del momento en que surgiera una intención criminal, incluso si esto no le fuera obvio a la persona en cuestión. Una compañía con sede en el Reino Unido, Precobs, ya cuenta con un software semejante que es utilizado en los procesos a cargo de las fuerzas policíacas locales.[120]

También sean bienvenidos a la posibilidad de la manipulación política global, gracias a los contenidos digitales y a las redes de los medios de comunicación, donde mi IDA podría representarme las más de las veces o, en términos prácticos, podría simplemente ser yo mismo. ¿Podría mi IDA ser víctima de la manipulación, o conspirar deliberadamente para influir en mis decisiones?
Como decía la compañía de investigación Gartner en el 2013, los dispositivos móviles me sincronizan, me ven, me conocen… y, dentro de poco, serán yo mismo.[121] Me pregunto nuevamente si todo esto en verdad nos conducirá a la prosperidad humana. Realmente lo dudo.

Podríamos llegar a ser testigos, dentro de poco, de nuestros propios IDAs peleando o negociando con el IDA del sistema de reservaciones de vuelos, para conseguir la mejor oferta posible para nuestro vuelo a Hawái dentro de los próximos siete minutos. Y, claro está, ya no seríamos nosotros quienes haríamos nuestras compras —nuestro IDA sería mucho más rápido y mucho más eficiente, y estaría constantemente recolectando cupones y anuncios de rebajas, tomando decisiones acordes con la situación y a una velocidad vertiginosa—. Lo único que tendría que hacer sería pensar en una compra y… ya estaría lista, esperándome. Sería la satisfacción instantánea en un mundo de abundancia total. Pero, aunque tendríamos garantizada una abundancia total en el exterior, también tendríamos garantizada una escasez cada vez mayor en nuestro interior, i.e. en nuestras relaciones, en nuestra comunidad, en nuestros valores, en nuestra espiritualidad y en nuestras creencias.

Lo crean o no, para muchos eruditos y tecno-deterministas de Silicon Valley, estas capacidades de los IDAs en un futuro cercano siguen pareciéndoles más bien benignas: aparentemente no es gran cosa usar un IDA cuando sólo es un poco mejor haciendo lo que mi aplicación ya puede hacer hoy en día, ¿no es así?

Pues bien, revisemos algunos escenarios que estarían más bien del lado de lo siniestro y que, no obstante, representan una clara posibilidad en el futuro a mediano plazo.

Consideremos primero que, a fin de que mi IDA —este motor reluciente, esta extensión de mí mismo, mi robot personal en la nube— pueda ser brillante, rápido, anticipatorio e intuitivo, debería tener acceso a una enorme cantidad de información sobre mí mismo. De hecho, debería saber absolutamente todo sobre mí, entresacando información en tiempo real a partir de todas las fuentes disponibles y actualizándola constantemente. Habría muchos entre nosotros a los que posiblemente les interese que un sistema semejante tuviera todos estos detalles personales, pues esto ayudaría a optimizar constantemente la calidad del servicio que recibiéramos, facilitando incluso más nuestras vidas —a un precio que parece realmente pequeño, considerando las comodidades tan asombrosas y el poder personal tan grande que recibiríamos a cambio—.

Todo comienza dando nuestro consentimiento (*opt-in*) para ser constantemente monitoreados, rastreados y empujados, donde las funcionalidades tan comunes de "compartir" y "guardar como favorito" son sólo dos ejemplos de cómo se nos atrae para permanecer conectados a las plataformas. Google es un verdadero maestro en este sentido, manteniéndonos todo el tiempo dentro de su universo siempre en expansión —y Google es sólo un ejemplo entre muchas otras grandes plataformas globales, que pretenden convertirse en una especie de cerebro global que duplique a todos y cada uno de los usuarios de la nube—. Poder rastrearnos de esta forma se traduce en ganancias para aquellas compañías para las que los datos verdaderamente son el nuevo petróleo, particularmente para plataformas globales como Google, Baidu, Alibaba y Facebook que, aunque en realidad no venden nada físico, funcionan como extractoras de datos, como motores publicitarios, y súper-nodos de información. Imaginen ahora este concepto multiplicado mil veces por el IoT y la IA, y podrán escuchar cómo sus cajas registradoras se van llenando gozosamente de dinero.

Rastreo total, ¿quién lo quiere?

Pero, ¿qué podría salir mal con los IDAs? A continuación presento algunos ejemplos de cómo podrían fallarnos:

- **Riesgos de seguridad significativamente mayores, e implicaciones en la privacidad:** su IDA podría ser hackeado, engañado, presionado o sobornado para que divulgara parte o la totalidad de su información a otras IAs en línea. Por ejemplo, se le podría engañar para que entregara las contraseñas que le permiten enviar emails, realizar compras, y acceder a los canales de las redes sociales en nuestro lugar. La profundidad de semejante amalgama de fugas de información sería tan grande que sus daños serían irreparables, ¡y ni siquiera sabrían que su IDA está corrupto!

- **Vigilancia exponencial:** su IDA actuaría las 24 horas, los 7 días de la semana, los 365 días del año, como una grabadora que registraría todo lo que ocurriera tanto en su vida en el espacio digital como en su vida real de carne y hueso. Cualquiera que tuviera la acreditación necesaria y suficiente autoridad, ya sea genuina o falsa, podría tener acceso a sus datos. Esto significaría que cualquiera con las habilidades suficientes de hackeo de bots podría trazar un perfil de ustedes, o marcarlos como un sospechoso, un disidente, o un individuo peligroso. Podrían recurrir a *bits* de información inconexos y fuera de contexto para tenderles una trampa o para manipularles. Imaginen si la cantidad de información a la que su bot tuviera acceso pudiera multiplicarse mil veces, haciéndose mucho más profunda e inteligente, correlacionando sus datos con millones de otras fuentes de datos, por ejemplo, provenientes de las redes sociales. Los resultados de aquí derivados eclipsarían incluso las proyecciones más distópicas de George Orwell.

Por ende, este escenario dominado por un bot en la nube/ IDA suelto me parece una invitación abierta a abusos y persecuciones a diestra y siniestra, especialmente en aquellos países donde, de hecho, ya no existe una verdadera protección a la privacidad, o que ya han hecho evidente su menosprecio al derecho básico a la privacidad de sus ciudadanos. El otro punto a considerar es que nuestros gobiernos podrían tener cada vez mayor acceso a nuestros IDAs y a nuestros egos digitales —legalmente, i.e. por la puerta del frente, o también furtivamente, a través de una puerta abierta en el código—. Como consecuencia, podemos asumir con seguridad que más de una organización importante de hackers podría hacer lo mismo. Me estremezco por el simple hecho de pensar lo que ocurriría si todos quedáramos digitalmente desnudos hasta tal extremo.

- **Mayor descualificación humana:** imaginen ahora que usara mi IDA tanto, que empezara a olvidar y desaprender cómo hacer las cosas por mí mismo, por ejemplo, la manera de encontrar mi camino a través de una ciudad desconocida, cómo encontrar información fiable en línea, cómo reservar un vuelo, cómo utilizar una hoja de cálculo, e incluso cómo escribir a mano —una posibilidad bastante clara—. También sería razonable esperar que perdiéramos otras habilidades que solían ser esencialmente humanas, como comunicarnos sin mediaciones, a pesar de su supuesta lentitud y errores potenciales. ¿Estamos haciendo que los humanos sean cada vez más reemplazables? ¿Deberíamos automatizarlo todo por el simple hecho de poder hacerlo?

• **Digifrenia:** (se trata de un gran término acuñado por Douglas Rushkoff, cuyos libros deberían leer)[122] una de las principales fuerzas que impulsan la descualificación humana por la tecnología es nuestro deseo cada vez mayor de poder estar en múltiples lugares al mismo tiempo. Tecnologías como la tele-presencia, los mensajes de texto y las redes sociales, parecen permitirnos esto hasta cierto punto, de forma simulada, y con demasiada frecuencia algunos de nosotros estaríamos dispuestos a abandonar nuestras experiencias auténticas a cambio de esta capacidad.

Citando a Douglas:

La digifrenia es en realidad la experiencia de intentar existir al mismo tiempo en más de una encarnación de nosotros mismos. Por un lado está nuestro perfil de Twitter, por el otro nuestro perfil de Facebook, y también nuestra bandeja de entrada del correo. Todos estos tipos de instancias múltiples de nosotros mismos están operando simultáneamente y en paralelo. Y dicha postura no resulta en lo absoluto cómoda para la mayoría de los seres humanos.[123]

• **Creación de relaciones con pantallas y con máquinas en lugar de personas:** hay muchas tareas o procesos que los seres humanos realizamos con frecuencia, y que también nos llevan sin darnos cuenta a crear relaciones con otros, por ejemplo, cuando compramos comida, o nos reunimos con miembros de un equipo para planear un evento.

Claramente, algunas de estas interacciones podrían no ser esenciales o tremendamente valiosas, por ejemplo, hablar con un agente de viajes para reservar un vuelo, o llamar a nuestro banquero para hablar sobre una opción de inversión —dos cosas que, por cierto, nunca hago—.

Es cierto que algunas de estas tareas mínimas podrían ser realizadas por máquinas sin perder una conexión verdaderamente humana —en realidad, no tengo que ser amigo de mi banquero para decidir en qué invertir 5,000 € —. No obstante, creo que debemos detenernos a reflexionar si deberíamos o no automatizar otras interacciones humanas donde acontece un mayor nivel de involucramiento, como ir al doctor para asegurarnos de que sólo tenemos un ligero resfriado y que no se trata de un enfisema. Es verdad que en algunos casos estaría bien ser diagnosticados desde la comodidad de nuestras casas; en otros, sin embargo, esto podría deshumanizar la relación médico-paciente, pues las cosas que no deberían ser automatizadas o reemplazadas por las máquinas son precisamente aquellas que, de hecho, crean relaciones significativas.

Imaginemos lo que ocurriría si automatizáramos una gran parte de nuestras interacciones con nuestros trabajadores, o con los miembros de nuestro equipo en el trabajo, como ya ha sido propuesto por *startups* como x.ai y sus aplicaciones de asistentes automatizados.[124] Aunque no habría problema en automatizar los registros en el calendario grupal con base en un email, imaginemos si recibiéramos una respuesta por email de un miembro del equipo y no supiéramos si fue escrito por él/ella o por su IDA. Demos un paso más: ¿cómo nos sentiríamos si una de nuestras conexiones personales importantes, por ejemplo, nuestro padre o nuestra madre, se comunicara con nosotros a través de su IDA?

¿Dónde acabará todo esto? ¿Qué tan lejos nos llevará? ¿Quién define dónde acaba la IA y dónde comienza lo humano? ¿Acaso los IDA acabarán invitando a la gente para que venga a mi siguiente fiesta de cumpleaños, y también ordenará la comida, elegirá la música, montará una bonita presentación, e incluso programará una página web *ad hoc* para el evento? ¿También me dirá cómo ser lo más feliz posible durante mi fiesta? Todo esto, ¿me ayudará a crear relaciones con otros seres humanos, o podría ahorrarme algo del esfuerzo y, con ello, perder su significado? ¿Crearemos más relaciones con las máquinas por el hecho de que es más cómodo?

- **Un nivel inimaginable de manipulación, no sólo factible, sino cada vez más probable:** Si delegáramos nuestras decisiones a potentes IDAs, es probable que primero lo hiciéramos en el ámbito de los medios y los contenidos; estas prestaciones básicas ya están disponibles en la mayoría de las redes sociales. Nuestros IDAs podrían encontrar y filtrar las noticias, extraer películas y organizar nuestras redes sociales. La tecnología en gran medida ya influye o decide qué deberíamos ver, leer o escuchar. Sin embargo, a comparación de una inteligencia en la nube que fuera impulsada por tecnologías exponenciales, los servicios con los que actualmente contamos serían verdaderamente básicos.

  Imaginen ahora la posibilidad de que un puñado de bots o de grandes plataformas de los IDAs controlaran lo que miles de millones de personas vieran o atendieran. Imaginen también las enormes sumas que las distintas marcas y los anunciantes estarían dispuestos a pagar, con tal de ser vistos en el lugar y momento indicados, y exactamente por los usuarios correctos.

El ascenso de los IDAs también hace que me plantee algunas preguntas fundamentales:

- ¿Qué ocurriría si mi copia digital divulgara información a las personas equivocadas, por ejemplo, a mi compañía de seguros, o a la agencia de seguridad social, y me encontrara en medio de un proceso de aprobación de un beneficio?
- ¿Qué pasaría si mi IDA se volviera mucho mejor que yo en la toma de la mayoría de mis decisiones, al grado de permitir que también tomara mis decisiones más importantes, por ejemplo, con quién debería casarme, dónde debería vivir, si debería o no tener hijos, y cuál sería la mejor manera de educarlos?
- ¿Qué ocurriría si mi IDA filtrara todas las noticias y toda la información de tal forma que yo nunca me topara con ninguna opinión contraria a la mía, o bien, qué pasaría si la lógica de mi IDA se viera manipulada por una campaña de compras que pretendiera influir en mí?

"Gartner predice que para finales del 2016 las decisiones de compra más complejas, como conseguir todo el material para el regreso a clases, podría ser realizado autónomamente por asistentes digitales, y representar un total de $2 mil millones de USD anuales. Esto significaría que aproximadamente el 2.5% de los usuarios de dispositivos móviles pondrían $50 USD al año en manos de sus asistentes". —"The World of Digital Assistants: Why Everyday AI Apps Will Make up the IoT" (El mundo de los asistentes digitales: por qué las aplicaciones cotidianas de IA conformarán el IoT)—.[125]

Es altamente probable que el incremento meteórico de los IDAs me obligue a actualizar una de las ocurrencias favoritas de mis presentaciones: "Google sabe más sobre nosotros que nuestro propio esposo o esposa". En presencia de IDAs como Google Now, que están continuamente recolectando millones de puntos de datos sobre mí —mi localización, mi historial de navegación, mis compras, mis *likes*, mis emails, mis mapas, y mis visualizaciones en YouTube— esto se volverá todavía más marcado. Y, como suelo decir, en la escala de 100 sobre qué puede ser digitalizado, todavía nos encontramos en un cinco… pero, a pesar de ello, ya estamos perdiendo el control.

Vuelvo una y otra vez a esta noción de que "no hemos visto nada aún". El crecimiento meteórico de la IoT acarreará un nuevo incremento en las plataformas de los IDAs —generando así todavía más datos con los cuales alimentar el cerebro global aprovechado por estos sistemas—. También seremos cada vez más testigos de cómo piezas de hardware que antes fueran 'tontas', como los taladros, las máquinas de agricultura, las tuberías, los interruptores y los conectores, serán equipados con sensores y redes de conexión inalámbrica. Muy pronto será posible recibir datos en vivo de literalmente todo lo que nos rodea.

> *"Las redes sociales —las verdaderas, las que están hechas de personas que conocemos y vemos en persona, y no las que están en Facebook ni en Twitter— son tan importantes para nuestra salud como lo son el ejercicio y la dieta, como pone en evidencia un nuevo estudio. Es más, el número de vínculos sociales que tengamos influye directamente en nuestra salud". —Charlie Sorrel, "Stop Being A Loner, It'll Kill You".* (Ya no seas un solitario, podría matarte)[126]

Entonces, ¿por qué hay tan pocas personas preocupadas por estas cuestiones ahora mismo?

Hay muchas razones por las que parece haber muy pocas voces críticas comentando este paso de lo mágico a lo maníaco y a lo tóxico. A continuación expongo tres de ellas:

1. **Enormes ganancias.** Quizá una de las oportunidades de negocio más grandes que haya existido es precisamente ésta, al mantener conectadas a las personas, aprovechando el progreso tecnológico exponencial, y al suministrar

dispositivos móviles asequibles pero adictivos. El hecho de proveer esta magia digital a las personas, esto es, la economía de los datos, eclipsará los sectores tanto de la energía como del transporte —y nadie quiere estropear esta fiesta—.[127] En una sociedad donde el crecimiento y la rentabilidad siguen ocupando el primer puesto, las más de las veces se sigue considerando que los efectos secundarios maníacos, e incluso los resultados tóxicos, son meros factores externos de los que no hay que responsabilizarse.

2. **Falta de regulación e ignorancia política.** A diferencia de la explotación y suministro de recursos naturales como el petróleo, el gas y el agua, existen muy pocas regulaciones globales que delimiten la aplicación de la IA, los efectos adictivos de la tecnología, o el uso de los *big data*, i.e. la comercialización de nuestros datos personales en las redes digitales. Nos encontramos aquí ante un vacío enorme que debe ser atendido.

3. **Adicción a la tecnología ("los dispositivos móviles son ahora los nuevos cigarrillos").** Las tecnologías exponenciales, que parecen facilitar nuestras vidas a costa de nuestra pereza natural y de nuestra necesidad de ser queridos, son muy adictivas y con frecuencia ejercen un efecto semejante al de las drogas. Los hábitos se consolidan en muy poco tiempo. Igual que yo, ¿revisan su correo una última vez antes de irse a dormir? ¿Se sienten "solos" cuando no están conectados a su red social favorita, o indefensos si no tienen con ustedes Google Maps o sus aplicaciones de mensajería?

El caso es que vender cada vez más magia, hasta llegar a niveles maníacos o tóxicos, probablemente sea la mayor oportunidad de negocio de la era digital y, en su peor faceta, no se diferenciaría mucho de añadir substancias adictivas a la comida chatarra o al tabaco. Conforme se vaya desenvolviendo el progreso exponencial, esta estrategia deberá ser evaluada y, probablemente, también tenga que ser restringida, si queremos una sociedad que realmente busque la felicidad humana por encima de todo.

Lo que la tecnología quiere: pasar de ser nuestra segunda naturaleza a ser nuestra propia naturaleza

En ocasiones empleamos la frase "esto se me ha vuelto como una segunda naturaleza", para describir cómo el uso de alguna herramienta o de la tecnología nos parece natural. Por ejemplo, la gente dice cosas como "siempre llevar conmigo mi teléfono móvil es como mi segunda naturaleza", o "conectarme con mis amigos en Facebook se me hace algo tan natural". Esta frase describe a veces algo que se ha convertido en un hábito, algo que hacemos por el hecho de parecer natural, algo que ya hacemos sin pensar.

Se nos ha vuelto natural dar *like* en Facebook, compartir imágenes y videos en WhatsApp y otras aplicaciones de mensajería, y el hecho de estar siempre disponibles en nuestros teléfonos móviles. Google Maps se ha vuelto de segunda naturaleza, mientras que para un creciente número de usuarios del Iphone de Apple, Siri se ha convertido en algo natural. Cuando algo es de segunda naturaleza es porque ya lo hacemos automáticamente, sin pensarlo, como un hábito arraigado (casi como si se tratara de una acción "natural" como respirar), al grado de que ya no lo ponemos en duda y simplemente lo hacemos de forma automática. En muchos casos, esto ya se encuentra al borde de lo maníaco: ¿alguna vez han experimentado el síndrome de las vibraciones fantasma, cuando sienten una especie de zumbido en su bolsillo a pesar de haber dejado su dispositivo móvil en casa?

Pero ahora, mientras nos abalanzamos ávidamente en la vorágine del cambio tecnológico exponencial, somos también testigos de cómo un creciente número de tecnologías (y sus distribuidores) están rivalizando con tal de convertirse en nuestra primera naturaleza, es decir, convertirse en nuestra propia naturaleza, y punto. Obviamente, se trata de una tremenda oportunidad de negocio. Si ser "sólo humano" ya no es suficiente, o si ser humano es demasiado difícil, ¿por qué no recurrir a la tecnología para aumentarnos u optimizarnos? ¿Por qué no hacer que la tecnología se convierta en nuestra "primera naturaleza", nivelando así el campo de juego entre nosotros y las máquinas?

La noción del aumento humano a través de medios tecnológicos, con frecuencia cae de lleno en el ámbito de aquellos negocios que desean ganar dinero gracias a nuestro deseo de ser más poderosos y de que se nos facilite la vida. Para una gran cantidad de personas ya resulta "natural" utilizar Fitbits y otras aplicaciones que monitorean nuestra salud, así como pulseras, dispositivos de cálculo portátiles, y sensores integrados en nuestros abrigos y camisetas ("Claro que monitoreo mis signos vitales y mi cuerpo de esta manera: es algo natural"). El así llamado "yo cuantificado" está cada vez más presente, en todos lados, y existen industrias completamente nuevas que han sido creadas en torno a este concepto. Sin embargo, a menudo me cuestiono si estas ofertas tarde o temprano no acabarán por convertirnos en esclavos cuantificados e, incluso peor, en "yos estupefactos", si nos vamos volviendo cada vez menos hábiles por poner nuestra inteligencia (y nuestras emociones) en manos de tecnologías externas.

Imaginemos ahora todas esas otras formas de aumento de los seres humanos que podrían fácilmente pasar de ser útiles, a convertirse en nuestra segunda naturaleza, hasta pasar a ser nuestra propia naturaleza —pues ahora serían demasiado buenas como para prescindir de ellas, y también serían casi gratuitas y muy abundantes—. En esta lista podríamos incluir la RA, la RV, y los hologramas, que me permitirían proyectar dentro de un espacio virtual dónde podría interactuar con otros como si realmente estuviera ahí, como ocurre con el HoloLens de Microsoft.[128] Estas herramientas podrían ser muy útiles al visitar un museo, o al momento en que un doctor realizara una cirugía, o para que los bomberos entraran a un edificio desconocido. Sin embargo, creo que deberíamos resistirnos al impulso de convertirlas en nuestra segunda naturaleza (y mucho menos en nuestra propia naturaleza).

No nos equivoquemos: muchos de estos dispositivos, servicios y plataformas —ya sea abierta e intencionalmente, o sin darse cuenta de ello— buscan disminuir o eliminar completamente la distancia entre nosotros (nuestra naturaleza humana) y estas entidades (la segunda naturaleza) pues, de lograrse este objetivo, se volverían absolutamente indispensables para nosotros y extremadamente valiosas en términos comerciales.

Dejaría de ser un ser humano sano si no utilizara todos estos dispositivos y aplicaciones de monitoreo —incluso nos preguntaríamos cómo es que hemos logrado sobrevivir sin ellos —. ¡Misión cumplida!

Sostengo que no deberíamos permitir que la tecnología rebasara la etapa de la segunda naturaleza —aunque, de hecho, actualmente ya está tomando un curso peligroso—. Si la tecnología se transformara en nuestra naturaleza (en nosotros mismos), esto significaría que también nuestra naturaleza humana se transformaría en tecnología —lo que no sería un camino idóneo para la naturaleza humana, como sostengo a lo largo de este libro—.

El siguiente fragmento de una entrevista del *Nature Institute* del 2016, realizada al autor Stephen Talbott, describe muy bien este reto:

Sólo si contrarrestamos estas tecnologías con una mayor potencia para atender lo específico, lo cualitativo, lo local, el aquí y el ahora, podremos entonces mantener nuestro equilibrio. Ésta es la regla general que, hasta donde sé, fue expresada por primera vez por Rudolf Steiner: según nos vayamos comprometiendo más plenamente con una existencia mediada por las máquinas, también deberemos apuntar con mayor determinación a las regiones más sublimes de nosotros mismos; de lo contrario, iremos progresivamente perdiendo nuestra humanidad.[129]

El uso que hacemos de la tecnología cada vez tiene mayores probabilidades de pasar de lo mágico a lo maníaco, y de ahí a lo tóxico, al tiempo que van gestándose ganancias exponenciales a nuestro alrededor. ¿Con cuánta frecuencia nos descubrimos divagando una hora en Internet o usando una aplicación nueva, sin recordar qué estábamos buscando originalmente? Una cosa es caer individualmente en el abismo, y otra muy diferente que toda nuestra sociedad empezara a vivir en él. ¿Qué experiencias exclusivamente humanas ya estamos entregando al Internet, a nuestros dispositivos móviles, a la nube, o a nuestros bots y asistentes inteligentes día con día?

¿Cómo podríamos percibir cuando hayamos cruzado la frontera entre la magia y lo maníaco? ¿Cuándo y cómo lo maníaco podría convertirse en tóxico? ¿Cómo será lo tóxico cuando ya no sea una cuestión de desintoxicar a una única persona, sino a toda una cultura? Conforme la *techne* se convierta en el 'quién' y en el 'cómo', ¿seremos acaso lo suficientemente fuertes y autoconscientes como para despertarnos?

Capítulo 7
Obesidad digital: nuestra última pandemia

Al tiempo que estamos sumergidos y atiborrados en una superabundancia de noticias, actualizaciones e información diseñada algorítmicamente, también nos entretenemos dentro de una creciente burbuja tecnológica de entretenimiento cuestionable.

La obesidad es un problema global y, de acuerdo con McKinsey, está costándole unos $450 mil millones de USD a los Estados Unidos, tanto en costos de atención médica como en costos derivados de pérdidas de productividad.[130] En el 2015, los Centros para el Control y la Prevención de las Enfermedades han declarado que más de dos tercios de los norteamericanos tienen sobrepeso, y que aproximadamente un 35.7% de ellos son obesos.[131]

Creo que estamos acercándonos a retos similares, e incluso mayores, conforme nos atiborramos de tecnología y estimulamos la obesidad digital.

Defino la obesidad digital como una condición mental y tecnológica en la que los datos, la información, los medios audiovisuales y la conectividad digital en general están acumulándose a tal grado que, sin lugar a dudas, tendrán un impacto negativo en la salud, en el bienestar, en la felicidad y en la vida en general.

A pesar de estos impresionantes hechos de la salud, quizá no sea de sorprender que aún haya poco apoyo a nivel global para el establecimiento de regulaciones más estrictas en la industria de los alimentos, a fin de detener el uso de aditivos químicos generadores de adicción, o para impedir las campañas de comercialización que promueven un consumo excesivo. Aunque Estados Unidos mantiene una lucha sin tregua contra las drogas, parece no poner la misma atención en los productos alimenticios ni en los azúcares. Tal y como actualmente se perciben los alimentos orgánicos como algo reservado para los más pudientes y ricos, también sería esperable que el anonimato y la privacidad se convirtieran en lujos costosos —inaccesibles para la mayoría de los ciudadanos—.

Los consumidores están adquiriendo *gadgets* y aplicaciones que supuestamente les ayudarán a reducir su consumo de alimentos y a mejorar su estado físico, como Fitbit, Jawbone, Loseit, y ahora Hapifork —que te avisa vibrando si comes demasiado rápido—, y que son verdaderamente útiles.[132] Aparentemente, la idea es comprar (descargar) y consumir otro producto o servicio más que arreglará milagrosamente, y sin mucho esfuerzo, el problema original del consumo excesivo.

Si algo puede generar antojo también generará prosperidad

El punto esencial aquí, obviamente, es que cuanto más coma la gente, mejor le irá a quienes producen y venden nuestra comida —por ejemplo, los productores, los procesadores de alimentos, las tiendas de abarrotes, los supermercados, las cadenas de comida rápida, los bares y los hoteles—. Además, quizá nos sorprenda descubrir que todos los años, cada consumidor en los países desarrollados ingiere sin saberlo un estimado de 150 libras de aditivos —en su mayoría azúcares, levaduras y antioxidantes, así como ingredientes verdaderamente nocivos como el glutamato monosódico (GMS)—.[133] Estas substancias son los lubricantes que fomentan el consumo excesivo. No sólo ayudan a embellecer y conservar los alimentos, sino que también les confieren un mejor sabor —por debatible que esto pueda ser—. De esta forma, se sigue dando largas a los consumidores, al diseñar esta "necesidad de más", hasta volverse muy difícil encontrar la salida de este reino de consumo gozoso e interminable.

Si esto les suena a Facebook o a sus teléfonos inteligentes, entonces ya saben a qué me refiero. De hecho, la industria alimenticia llama a este factor la capacidad de generar antojo (*cravability* o *craveability*).[134] En el caso del mundo de la tecnología, los agentes de comercialización llaman a este factor magia, adherencia, indispensabilidad o, utilizando palabras más benignas, compromiso del usuario.

Antojo y adicción: el modelo de negocio de la tecnología

La estrategia de generar este tipo de antojos, o de alimentar nuestra adicción digital a través de formas aparentemente benignas, claramente constituye un modelo de negocio potente.[135] Se puede aplicar fácilmente este concepto de generar antojos en el caso de los principales súper-nodos sociales-locales-móviles (SoLoMo), como Google y Facebook, o en plataformas como WhatsApp. Muchos de nosotros sentimos literalmente la necesidad imperiosa de estar conectados en nuestra vida diaria, al grado de sentirnos incompletos cuando no tenemos conexión.

No obstante, me pregunto si en realidad no podría ser, más bien, que las grandes compañías de Internet estén interesadas en que un gran número de sus usuarios acaben desarrollando problemas de obesidad digital. ¿Esto sería realmente lo mejor para los gigantes tecnológicos y del Internet, que en su mayoría son propiedad de los Estados Unidos?[136] A la vez, no deberíamos desestimar la gran tentación latente de hacer que los consumidores se hagan dependientes de esta maravillosa comida digital —volviéndonos adictos a los tsunamis generadores de serotonina de los *likes*, los comentarios, y las actualizaciones de nuestros amigos—.

Avancemos hasta el año 2020, e imaginemos a miles de millones de consumidores híper-conectados, tornándose digitalmente obesos, enganchados al goteo constante de la información, de los medios y de los datos —y sus propios circuitos de retroalimentación—. Estamos ante una oportunidad de negocio extremadamente atractiva, que podría rebasar por mucho el mercado de los aditivos alimenticios a nivel global —mismo que, de acuerdo a Transparency Market Research, podría llegar a valer unos $28.2 miles de millones de USD para el 2018 —.[137]

A fin de hacer una rápida comparación de la magnitud de la que estamos hablando, el Foro Económico Mundial estima que el valor acumulado de la digitalización podría alcanzar los $100 billones de USD durante los siguientes diez años. A su vez, sugieren que estas cifras resaltan la oportunidad de "crear una fuerza laboral prometedora, donde las personas y las máquinas inteligentes trabajaran en conjunto para mejorar el modo en que el mundo funciona y vive".[138] He de admitir que esta idea me agrada, pero no logro concebir cómo podríamos conservar nuestra humanidad en una sociedad tan centrada en las máquinas.

¿Quién es responsable de la obesidad?

Volviendo a la cuestión de la comida, podríamos hacernos la siguiente pregunta: si la industria de los alimentos genera tantas ganancias gracias a su aproximación un tanto ruin (o, más bien, encubierta), generando antojos y consecuentes adicciones, ¿por qué molestarnos entonces con los escasos consumidores que al parecer no pueden manejar sus tentaciones? ¿No es simplemente su culpa y su propia responsabilidad? ¿Acaso alguien no estaría de acuerdo en que el consumidor individual, a fin de cuentas, sería responsable de cómo maneja su propio consumo de alimentos? Después de todo, estamos en un mundo libre y se trata de su libre albedrío, ¿no es así?

El problema es que, en la era que se avecina, caracterizada por el incremento exponencial de la información y una gran abundancia de conectividad, esta estrategia de completa libertad es insostenible, precisamente porque nos encontramos apenas en el punto de inflexión de la curva exponencial. ¡Los peores golpes todavía están por venir!

Entre los principales desafíos, el primero es que la comida digital es en su mayor parte gratuita o muy barata, y su disponibilidad es incluso más ubicua que la comida física —su distribución y disponibilidad instantánea cuestan prácticamente nada—. El segundo desafío apunta a una presencia mínima de efectos secundarios evidentes o de señales físicas de advertencia. La mayoría de los consumidores no entenderán lo que está ocurriendo, ni se preocuparán por el consumo digital y la excesiva conectividad hasta que les sobrevenga un problema muy evidente, como en el caso de la adicción a los videojuegos entre adolescentes coreanos.[139] Una vez obesos, es muy difícil reajustar nuestra vida conforme a un nuevo paradigma.

Creo que necesitamos políticas públicas precisas, aunque también flexibles, así como nuevos contratos sociales, normas globales de salud digital, regulaciones locales y sensibles al contexto, así como una mayor responsabilidad e involucramiento por parte de los agentes de comercialización y los anunciantes. Los proveedores de tecnología deben apoyar (y creo que muchos ya están dispuestos a hacerlo) un manifiesto global y equilibrado en torno a los derechos digitales o la salud digital, considerando formas de moderación proactivas, y adoptando un modelo de negocio más holístico que realmente ponga a las personas en primer lugar. Una hiperconectividad por encima de todo ciertamente no debería ser nuestro destino final, tal y como la híper-eficiencia no debería ser el único objetivo de los negocios. Poner a las personas en primer lugar significa poner nuestra felicidad en primer lugar y, a mi parecer, éste es el único modo de generar beneficios duraderos tanto en los negocios como en la sociedad.

"La diferencia entre la tecnología y la esclavitud es que los esclavos son plenamente conscientes de que no son libres"
—*Nassim Nicholas Taleb*[140]

Se avecina un tsunami de datos

Conforme la cantidad de datos, de información y de medios disponibles aumenta exponencialmente, también está creciendo el enorme desafío de la obesidad digital. Debemos considerar este hecho seriamente y enfrentarlo, pues la sobrecarga digital será mucho más incapacitante que la obesidad física. Ya hay demasiada comunicación y demasiada información en nuestras vidas (claro, de hecho es infinita), y la paradoja de la capacidad de elección gira fuera de control alrededor nuestro.[141]

Se nos ofrece una auténtica manguera contra incendios repleta de posibilidades, todo el tiempo, en cualquier lugar, todas demasiado apetitosas, demasiado baratas, y demasiado ricas. No hay día en que no nos topemos con un nuevo servicio que nos ofrece más actualizaciones de nuestro creciente número de amigos, más maneras de ser interrumpido por notificaciones incesantes en prácticamente cualquier plataforma —seamos testigos de la popularidad cada vez mayor de los relojes inteligentes, que actualmente tienen más ventas que los relojes suizos—.[142] Nos estamos enfrentando a un crecimiento exponencial de opciones de consumo —más noticias, más música, más películas, una mayor cantidad de dispositivos móviles cada vez mejores y más eficientes y, aparentemente, una absoluta conectividad social—.

Nos estamos ahogando en un mar de aplicaciones —para citas, para divorcios, para reportar un bache, e incluso (como ya hemos visto) para monitorear pañales—.[143] Somos asediados las 24 horas del día, los 7 días de la semana, por alertas basadas en nuestra localización y por notificaciones, como ocurre con iBeacons, así como cupones digitales, nuevos modos de enviar y recibir mensajes sin costo, 500 millones de *tweets* al día,[144] 400 horas de videos subidos a YouTube cada minuto,[145] y la lista sigue y sigue.

Se trata de un verdadero tsunami de información entrante que, aunque genera una abundancia en el exterior, está creando una escasez o ausencia de sentido en el interior. En otras palabras, cada vez tenemos más opciones a un menor precio, pero estamos más preocupados —todo el tiempo— por lo que podríamos perdernos, por "lo que podríamos haber hecho". ¿Dónde irá a parar todo esto?

Abundancia por fuera, escasez por dentro— ¿bicicletas para la mente o balas para el alma?

Estamos siendo bombardeados con entradas de información y, en general, estamos atiborrándonos como alguna vez lo hiciéramos por $9.99 USD en los *buffets* "coma cuanto pueda" en Las Vegas. Los señores de la nutrición digital son, claro está, los *likes* de Google y sus contrapartes chinas Baidu y Alibaba. El genio de Google radica en crear un cielo impecable (o al menos un reino) de consumo cruzado, construido a partir de un sinnúmero de plataformas muy pegajosas y virales como Gmail, Google Maps, Google+, Google Now, YouTube, Android y GoogleSearch.

El universo de Google es tan híper-eficiente, tan conveniente, y tan adictivo, que amenaza con engordar por completo nuestros cerebros, nuestros ojos y oídos, e incluso nuestros corazones y nuestras almas. Me gusta referirme a este fenómeno como el problema de la "abundancia externa y escasez interna", así como el "dilema de las bicicletas para la mente o balas para el alma": al mismo tiempo que nuestras mentes van adquiriendo máxima velocidad al ser potenciadas por Google et al., nuestras arterias están tapadas por tanta basura de estas fiestas digitales interminables, mientras nuestros corazones cargan el peso de demasiadas relaciones carentes de sentido, y de conexiones mediadas que sólo existen en las pantallas.

Si verdaderamente "Google me conoce mejor que mi propia esposa", entonces definitivamente deberíamos preguntarnos quién está sirviendo a quién.[146] ¿Acaso la obesidad digital forma parte del diseño del sistema, o se trata más bien de una agenda oculta, o es simplemente una de las consecuencias imprevistas por este número diminuto de entidades que ahora gobiernan nuestras vidas digitales?

"Neurológicamente hablando, nos convertimos en lo que pensamos" —Nicholas Carr[147]

"Cuanto más se concentra la persona que sufre en sus síntomas, más profundamente quedan marcados dichos síntomas en sus circuitos neuronales", escribe Nicholas Carr en su libro *What the Internet is Doing to Our Brains* (*Lo que el Internet está haciendo a nuestros cerebros*):

En los peores casos, la mente esencialmente se entrena a sí misma a estar enferma. También muchas adicciones se refuerzan al fortalecer las vías plásticas del cerebro. Incluso cantidades mínimas de drogas adictivas pueden alterar radicalmente el flujo de neurotransmisores en las sinapsis de una persona, dando por resultado alteraciones duraderas en los circuitos y en las funciones del cerebro. En algunos casos, la acumulación de ciertos tipos de neurotransmisores, como la dopamina, muy cercana a la adrenalina, y que a su vez genera placer, aparentemente también puede disparar el encendido o apagado de algunos genes particulares, incrementando así aún más el deseo por cierta droga. Este camino vital se torna mortal.[148]

Las nuevas interfaces, como la realidad aumentada y la realidad virtual, también se suman al reto

El hecho de mantener una dieta digital balanceada se volverá todavía más difícil conforme la conectividad, las aplicaciones y los dispositivos se vayan volviendo exponencialmente más baratos y rápidos, y las interfaces de la información sean reinventadas. Pasaremos de leer o ver pantallas, a hablar a las máquinas o simplemente tener que pensar para controlarlas.

Dentro de poco, migraremos de una interfaz gráfica de usuario (GUI), a una interfaz natural de usuario (NUI).

En un futuro no muy lejano, también tendremos que hacernos la pregunta definitiva: ¿vivimos ahora dentro de la máquina, o es la máquina la que vive dentro de nosotros?

Los datos son el nuevo petróleo: paguen, o conviértanse en el contenido

Esto ya se ha dicho muchas veces, pero merece la pena repetirlo: los datos verdaderamente se han convertido en el nuevo petróleo. Las compañías que se nutren de *big data*, y la así llamada sociedad red, se están transformando con rapidez en los siguientes ExxonMobil, suministrando con impaciencia el nuevo opio de las masas: la comida digital, la conectividad absoluta, dispositivos móviles potentes, contenidos gratuitos, el pegamento Social, Local y Móvil (SoLoMo) de la nube a través de *bots*, y los asistentes digitales inteligentes (IDAs). Esto nos provee todo el sustento que nosotros mismos —las personas antes conocidas como consumidores— estamos, de hecho, creando y compartiendo gracias a nuestra mera presencia y participación.[149]

Sin embargo, la mayoría de nosotros nos estamos acomodando en los hermosos jardines vallados de Google, Facebook, Weibo, LinkedIn, y muchos otros. Estamos consumiendo tanto como podemos a la par que nos estamos convirtiendo gustosamente en la comida de otros. Como el autor Scott Gibson afirmó recientemente en el blog de la revista *Forbes*, "Si no pagan, se convertirán en el contenido".[150] Estamos atiborrándonos unos a otros de una forma nunca antes vista, y mucho de lo que utilizamos es extremadamente sabroso, satisfactorio y adictivo. Pero, ¿es éste el Nirvana, un pacto fáustico, o una receta para el desastre? ¿O, más bien, todo depende de quién formule la pregunta?

El horizonte de la obesidad digital para el 2020

Cisco predice que para el 2020, el 52% de la población mundial estará conectada a Internet —alrededor de cuatro mil millones de usuarios—.[151] Para ese entonces cualquier mínima información, toda foto, todo video, cada kernel de datos, toda ubicación, y todo lo que cualquier ser humano conectado diga, es muy probable que sea monitoreado, recolectado, conectado y refinado para ser convertido en medios, *big data* e inteligencia empresarial. La inteligencia artificial (IA), impulsada por computadoras cognitivas cuánticas, generará conocimientos sobrecogedores de zettabytes (mil trillones ($10^{21}/2^{70}$ bytes) de datos en tiempo real. Dentro de muy poco nada pasará desapercibido.

Claramente, éste podría ser el cielo si fuéramos comerciantes, vendedores de herramientas que realizaran dichas tareas, una agencia gubernamental extremadamente obsesionada, o simplemente un súper-*geek*. O bien, podría ser un verdadero infierno, dada la posibilidad tan evidente de que esta misma sobrecarga de información posibilitara una vigilancia global perpetua, como pusieron en evidencia las dolorosas revelaciones de Snowden en el 2013.[152]

No sólo estaríamos obesos de tanta información, sino que también estaríamos desnudos: ¡no parece una bonita imagen!

Ya no es una cuestión de si podríamos hacerlo, sino de si deberíamos hacerlo

Pronostico que la pregunta de si la tecnología podría o no ser capaz de hacer algo, dentro de poco será reemplazada por una pregunta más importante, a saber, si deberíamos hacer lo que la tecnología ahora nos permite hacer, y por qué. Esto ya es una realidad en el caso de muchas innovaciones y tendencias recientes, como serían las redes sociales, el yo cuantificado, Google Glass, la impresión en 3D, o la singularidad tecnológica, que supuestamente ya está muy próxima (véase el capítulo 1).

Situándonos en el contexto de la obesidad digital, la cuestión central es la siguiente: el mero hecho de que todos estos medios, datos, conocimientos, e incluso sabiduría, estén disponibles instantánea y gratuitamente, ¿significa acaso que debamos permanecer sumergidos en ellos todo el tiempo? ¿Realmente necesitamos una aplicación que nos diga dónde se encuentra la sección de música? ¿Realmente necesitamos hacer una verificación cruzada de nuestros genomas antes de salir a una cita? ¿Realmente necesitamos contar nuestros pasos para que nuestro estado de salud se actualice en una red social?

De "más es mejor" a "menos es lo mejor"

Finalmente todo se reduce a esto: al igual que ocurre con la comida, donde la obesidad es más obvia, también debemos encontrar un equilibrio personal en nuestra dieta digital. Hemos de definir cuándo, con qué y con cuánta información nos conectamos y nos alimentamos. ¿Cuándo deberíamos reducir nuestra ingesta, cuándo deberíamos tomarnos un tiempo para digerir, para estar presentes en el momento, e incluso para pasar hambre? En efecto, aquí también hay otra verdadera oportunidad de negocio: estar desconectado es el nuevo lujo.

Creo que durante los próximos años, nuestros hábitos de consumo digital pasarán del paradigma de desconexión tradicional y del Internet 1.0 "más es mejor", al concepto de "menos es lo mejor". En el camino para alcanzar ese equilibrio crucial entre la absoluta ignorancia y el conocimiento absoluto —dado que ninguno de los dos extremos es deseable— podríamos seguir la directriz de Albert Einstein, cuando dijo que "todo debería simplificarse lo más posible, pero no más".[153]

Capítulo 8
Precaución *versus* proacción

El futuro más seguro, e incluso el más prometedor, es aquel en el que no posterguemos la innovación, pero donde tampoco ignoremos los riesgos exponenciales que actualmente supone tratarlos como si "del problema de otro" se tratara.

Conforme el poder de la tecnología incrementa exponencialmente, considero crítico que determinemos un equilibrio sostenible entre la precaución y la proacción (*proaction*). La precaución implicaría mantener una mirada proactiva ante lo que podría ocurrir —las posibles consecuencias y los resultados imprevistos— antes de continuar el curso de la exploración científica o del desarrollo tecnológico. En contraste, el abordaje proaccionario promueve una actitud de avance en nombre del progreso, aunque todavía no estén completamente claros los riesgos potenciales y sus posibles ramificaciones.

¿Deberíamos restringir el avance de la ciencia, de los inventores y de los emprendedores, si fuera altamente probable que sus inventos pudieran tener efectos materialmente adversos en la humanidad? Definitivamente. ¿Deberíamos frenar o prohibir los avances científicos que podrían en gran medida beneficiar a nuestra sociedad, pero que necesitarían ser regulados a fin de lograr un resultado equilibrado? Definitivamente no. De hecho, casi sería imposible prohibir semejantes avances.

La respuesta, claro está, se encuentra en el equilibrio sabio y holístico entre ambas posturas, lo que exige que nos convirtamos en mejores administradores del futuro.

Exploremos ambas posturas en detalle.

El "principio precautorio", surgido originalmente de ciertas consideraciones ambientales, sostiene que si alguien desarrolla algo cuyas consecuencias podrían ser potencialmente catastróficas, no debería permitírsele que continúe, a menos que demuestre antes que cualquier consecuencia indeseada podría realmente controlarse. En otras palabras, la responsabilidad de demostrar que un proyecto no es dañino recae en quienes deseen desarrollarlo.

Este principio fue empleado en las investigaciones de ADN recombinante (la conferencia de Asilomar), y la interpretación de este principio tuvo un impacto directo en el trabajo realizado en el gran colisionador de hadrones en el Centro Europeo de la Investigación Nuclear (CERN, en Suiza), ante las inquietudes de que pudiera generar accidentalmente un agujero negro.[154] [155] Al igual que en el caso del gran colisionador de hadrones, la precaución colectiva con que manejemos las innovaciones tecnológicas también tendrían por finalidad detener innovaciones potencialmente desastrosas, que pusieran en riesgo la existencia de la humanidad. La Declaración de Wingspread (1999) resume el principio precautorio de la siguiente manera:

> Cuando una actividad amenaza con dañar la salud humana o el ambiente, deberían tomarse medidas preventivas, incluso si algunas relaciones entre las causas y los efectos no están establecidas aún científicamente. En este contexto, el proponente de la actividad en cuestión, más que el público, es quien debería soportar la carga de la prueba.[156]

La Declaración de Río, de 1992, presenta una cláusula todavía más dura: "cuando exista peligro de daño grave e irreversible, la falta de certeza científica absoluta no deberá utilizarse como razón para postergar la adopción de medidas eficaces".[157]

Creo que ambas afirmaciones siguen sosteniéndose en el caso de la inteligencia artificial (IA), de la inteligencia de las máquinas, de los sistemas autónomos, de la edición del genoma humano, y de la geo-ingeniería.

En contraste, el "principio proaccionario" sostiene que la humanidad siempre ha inventado tecnología, y que constantemente ha asumido muchos riesgos al hacerlo. Por ende, no deberíamos poner restricciones injustificadas a lo que la gente debería o no inventar. Así mismo, este principio estipula que deberíamos tomar en cuenta los costos derivados tanto de las restricciones potenciales como de las oportunidades perdidas.

El principio proaccionario fue introducido por el filósofo transhumanista Max More,[158] y fue expuesto en mayor detalle por el sociólogo inglés Steve Fuller.[159] Dado que la propia noción del transhumanismo se basa en el concepto de trascender nuestra biología, esto es, la posibilidad de convertirnos al menos parcialmente en máquinas, no debería sorprendernos que el transhumanismo implique una proacción desinhibida.

Un equilibrio cuidadoso y humanista

Esto es lo que propongo: demasiada precaución podría paralizarnos por el miedo, gestando así un ciclo de contención que se amplificaría a sí mismo. Si enterramos las actividades de vanguardia científicas, tecnológicas, ingenieriles y matemáticas (STEM), o hacemos lo mismo respecto a las innovaciones más radicales, es muy probable que acabemos criminalizando a quienes realicen estas actividades. Obviamente ésta no sería una respuesta adecuada ante el problema, pues podría darse el caso de que hiciéramos descubrimientos que demandaran nuestra responsabilidad humana, exigiendo más investigación, por ejemplo, si surgiera la posibilidad de eliminar el cáncer. Todo aquello que permite a la humanidad progresar nos obliga a que les dejemos libres.

Sin embargo, un abordaje puramente proaccionario tampoco nos serviría, pues hay demasiado en juego dada la naturaleza exponencial, combinatoria e interdependiente de los avances tecnológicos que ahora estamos experimentando. Uno de los miedos latentes es que, de seguir el abordaje proaccionario como lo vemos hoy en día, es casi un hecho que la tecnología se impondría sobre la humanidad. Así como una excesiva precaución sofocaría el progreso y la innovación, también demasiada proacción liberaría algunas fuerzas muy potentes y probablemente incontrolables que por ahora deberíamos mantener bajo llave.

Como siempre, nuestro reto será el de encontrar y mantener el equilibrio —entre la caja de Pandora y la lámpara de Aladino—. Actualmente estamos recorriendo un camino exponencial y combinatorio en muchas disciplinas relacionadas con las STEM. Así las cosas, un gran número de abordajes de protección tradicionales resultarán inútiles, pues tanto la velocidad del cambio, como la magnitud de las probables consecuencias indeseadas, han estado incrementando radicalmente desde que alcanzamos el punto de inflexión de la curva en el 2016, cuando los incrementos comenzaron a ser de cuatro a ocho (y no de cuatro a cinco), y dimos ese primer paso tan grande.

Aquellos abordajes que quizá servían cuando los cambios eran de 0.01 a 0.02, e incluso duplicaciones de uno a dos, quizá ya no sean apropiados cuando estas multiplicaciones vayan incrementando sucesivamente de cuatro a 128 —los riesgos ahora son simplemente mucho más grandes y, a su vez, sus consecuencias son mucho más difíciles de comprender para nuestras mentes humanas—.

Imaginen las consecuencias que tendría tomar una postura demasiado proactiva ante la IA, la geo-ingeniería, o la edición del genoma humano. Imaginen también sumergirnos en una carrera armamentística de armas controladas por IA que pudieran matar sin necesidad de supervisión humana. Imaginen ahora naciones al margen de la ley y actores no estatales, realizando experimentos para controlar el clima que, en el proceso, dañaran permanentemente la atmósfera. Por último, imaginen laboratorios de investigación en un país poco transparente, donde se ideara una fórmula para programar a seres sobrehumanos.

En su libro, *Our Final Invention: Artificial Intelligence and the End of the Human Era* (Nuestro último invento: la inteligencia artificial y el fin de la era humana), el autor James Barrat ofrece un excelente resumen de este dilema:

> No queremos una IA que cumpla nuestras metas a corto plazo —librarnos del hambre— con soluciones nocivas a largo plazo —rostizando todos los pollos del planeta— ni tampoco con soluciones a las que nos opondríamos —quitándonos la vida justo después de nuestra próxima comida—.[160]

Hay demasiado en juego como para proceder con un entusiasmo tecnológico absoluto y desenfrenado, o bien, afirmando simplemente que ése es nuestro destino inevitable.

Vale la pena leer la declaración original del 2005 del transhumanista Max More a este respecto:

> El principio precautorio, a pesar de la buena intención de muchos de sus proponentes, sesga inherentemente a las instituciones que toman las decisiones, para que se inclinen por el *status quo*, lo cual refleja una postura reactiva y excesivamente pesimista ante el progreso tecnológico. En contraste, el principio proaccionario insta a todos los interesados a considerar activamente todas las consecuencias de cierta actividad —ya sean buenas o malas— y, al mismo tiempo, les urge para que asignen medidas cautelares frente a las amenazas reales a las que nos enfrentamos.
>
> Si bien la precaución como tal implica una visión de futuro para anticipar y estar listos ante posibles amenazas, el principio que se ha formado a su alrededor amenaza el

bienestar humano. El principio precautorio ha sido plasmado en muchos tratados y regulaciones internacionales sobre el medio ambiente, lo que vuelve urgente la llegada a un principio y a un conjunto de criterios alternativos. La necesidad del principio proaccionario será evidente cuando comprendamos los defectos del principio precautorio.[161]

Por un lado, realmente no puedo disentir mucho del argumento de More, especialmente tras las experiencias que he tenido en Silicon Valley, como un emprendedor de Internet que intentaba impulsar la innovación. Pero recordemos que Max escribió esto en el 2005 —unos diez años antes de que llegáramos al punto de inflexión de las tecnologías exponenciales—. Lo que en aquel entonces hubiera sonado razonable, aunque un tanto tecno-céntrico, hoy en día podría conducirnos a tomar decisiones peligrosas. ¿Realmente quieren que su futuro sea determinado por gobiernos carentes de transparencia y por gobernantes irresponsables, o bien por los soberanos de Silicon Valley, por ambiciosos inversores de capital de riesgo, o por organizaciones militares como la Agencia de Proyectos de Investigación Avanzados de Defensa (DARPA) de los Estados Unidos?

Capítulo 9
Eliminando la casualidad de la felicidad

¿Cómo podríamos proteger las formas más profundas de felicidad que implican empatía, compasión y consciencia, mientras las grandes compañías tecnológicas simulan rápidos hits de placer hedonista?

Felicidad (*happiness*): buena fortuna o buena suerte en la vida en general, o en una cuestión particular; éxito, prosperidad.
Casualidad (*happenstance*): un evento fortuito; una coincidencia
—*The Oxford English Dictionary*

Pero, ¿qué es la felicidad?

A lo largo de este libro he afirmado que la búsqueda de la máxima felicidad humana debería ser el principal objetivo del progreso tecnológico. La búsqueda de la felicidad constituye uno de los elementos esenciales de ser humano —algo que nos une a todos—. Así como todos tenemos ética (aunque no necesariamente una religión), la búsqueda de la felicidad representa un imperativo universal que todos los seres humanos compartimos, independientemente de nuestra cultura o de nuestro sistema de creencias.

Todos estamos constantemente dedicados a esta búsqueda de la felicidad durante nuestras vidas. Nuestras decisiones diarias responden a este impulso por crear experiencias agradables o gratificantes, ya sea permitiéndonos un placer momentáneo, postergando la gratificación inmediata para obtener un beneficio a largo plazo, o bien, buscando otras formas de satisfacción que trascienden las necesidades básicas del sustento y un techo.

Conforme nos enfrentamos a la convergencia entre el hombre y las máquinas, creo que es esencial que no confundamos la suerte con la felicidad. La suerte es algo accidental, mientras que la felicidad implica el diseño del contexto correcto.

Creo firmemente que debemos colocar la búsqueda de la felicidad y la prosperidad humanas al centro de este debate hombre-máquina. ¿Cuál sería el propósito de la tecnología si ya no estuviera orientada hacia la prosperidad de la humanidad? En efecto, pienso que podemos diseñar un futuro en el que no dependamos exclusivamente de la suerte y que, más bien, tenemos la capacidad para crear las mejores condiciones posibles a favor de la felicidad (más adelante abundaré al respecto).

Tratar de definir la felicidad puede ser una tarea difícil, ya que se trata de un concepto abstracto y subjetivo. Wikipedia propone esta definición de la felicidad:

> La felicidad, el gozo o la alegría representa un estado mental o emocional de bienestar, definido por emociones positivas o placenteras, que van de la satisfacción hasta el júbilo intenso.[162]

Cuando comencé a indagar lo que realmente era la felicidad, en repetidas ocasiones me topé con la distinción entre dos clases diferentes de felicidad. La primer variante, la felicidad hedonista, se refiere a un clímax mental positivo, usualmente temporal, y que con frecuencia es descrito como placer. Se puede vivir como una experiencia pasajera o momentánea, y a menudo nos conduce a establecer un hábito. Así, por ejemplo, algunos de nuestros placeres hedonistas pueden dar pie a distintas adicciones, como serían las relativas a la comida, al alcohol o al tabaco. A menudo, las redes sociales como Facebook han sido descritas como una "trampa de placer", una suerte de mecanismo que fomenta la presentación hedonista de nosotros mismos y que, a su vez, también facilita el placer.

La segunda clase de felicidad es conocida como felicidad eudaimónica, una variante más profunda de felicidad y de satisfacción. Wikipedia describe la *eudaimonía* de la siguiente manera: "*Eudaimonía* es una palabra griega que suele traducirse como felicidad o bienestar".[163] La "prosperidad humana" constituye otro término popular más cercano al significado de eudaimonía, y quizá sea un término más apropiado para los fines de este libro.

Mientras estudiaba teología luterana en Bonn, a principios de los ochenta (¿sorprendidos?), me sumergí a fondo en las enseñanzas del filósofo de la antigua Grecia, Aristóteles. Hace unos 2,300 años, escribió esto refiriéndose a la eudaimonía: "La felicidad es el significado y propósito de la vida, el objetivo y fin de la existencia humana". Claro está, la eudaimonía es un concepto central de la filosofía aristotélica, como también lo son los términos *areté* (virtud o excelencia) y *frónesis* (sabiduría práctica o ética).

Desde entonces, la *eudaimonía*, la *areté*, y la *frónesis* —disculpen mi griego— se han convertido en objetivos constantes de mi trabajo, y creo que son esenciales para comprender el camino que la humanidad debería tomar ahora que está siendo arrollada —o, mejor dicho, destrozada— por el cambio tecnológico exponencial. En otras palabras, nos encontramos perdidos en medio de un lugar en el que la humanidad nunca antes había estado. Sin embargo, existen algunas hebras de sabiduría (como éstas) que todavía podrían sernos útiles para escapar de este laberinto tecno-céntrico, en el que cada vez nos encontramos más atrapados.

¿Qué nos hace felices?

Si la prosperidad humana se redujera simplemente a tener una vida más placentera, negocios que fueran mejores y más eficientes, mayores ganancias y un crecimiento continuo impulsado por la tecnología, entonces sin duda estaríamos de acuerdo en utilizar las máquinas y los algoritmos para lograr todo esto. Podría funcionarnos durante un tiempo —conforme avanzamos hacia una híper-eficiencia inevitable y, con alta probabilidad, hacia lo que podría ser una abundancia aplastante para el capitalismo—.

El PIB, el PNB o la FNB: ¿son criterios honestos para la felicidad?

Si definimos *prosperidad* sin amplitud, basándonos principalmente en términos económicos o financieros, sólo llegaremos a las definiciones anticuadas del producto interno bruto (PIB) o del producto nacional bruto (PNB), en lugar de una medida más inclusiva como sería, por ejemplo, la felicidad nacional bruta (FNB).

La FNB es un término acuñado originalmente en la década de los setenta en Bután (un país que tuve la suerte de visitar justo antes de terminar este libro). La FNB apunta a un abordaje mucho más amplio, holístico y sistémico al momento de evaluar el estado de una nación. La FNB, en ocasiones situada en el contexto de la felicidad política, se basa en los valores budistas tradicionales, en lugar de hacerlo en los valores occidentales tradicionales a los que generalmente apuntan el PIB y el PNB —esto es, indicadores como el crecimiento económico, las salidas de inversión, el retorno de la inversión y el nivel de empleo—. Los cuatro pilares de la filosofía de la FNB reflejan una filosofía de fondo radicalmente diferente: desarrollo sostenible, preservación y promoción de los valores culturales, conservación del ambiente natural, y establecimiento de un buen gobierno.[164]

De forma similar, cuando el tema en cuestión es la toma de decisiones sobre la relación entre la tecnología y la humanidad, la

FNB me parece un abordaje interesante y que guarda muchos paralelismos, pues coloca la felicidad justo al centro cuando se estiman el progreso y el valor. Los factores económicos no deberían eclipsar las cuestiones relativas a la felicidad —lo que constituye un criterio obvio— y, de igual manera, la eficiencia nunca debería cobrar mayor importancia que la humanidad — siendo ésta una de las diez reglas clave que desarrollaré al final del libro—.

Otro modo de medir el éxito de las naciones es el índice de progreso genuino (IPG), que evalúa 26 variables relativas al progreso económico, social y ambiental.[165] El IPG es valioso porque considera totalmente las externalidades. En este sentido, las consecuencias forman parte integral de la ecuación, lo que se asemeja en gran medida a lo que yo mismo propondría al momento de abordar las consecuencias imprevistas de la tecnología. Los indicadores económicos del IPG incluyen la desigualdad y el costo del desempleo; indicadores ambientales entre los que están los costos por contaminación, el cambio climático y las fuentes de energía no renovables; e indicadores sociales que incluyen el valor de las labores domésticas, la educación superior y el voluntariado.

¿Qué ocurriría si aplicáramos una combinación del IPG y la FNB para lograr una medida más humano-céntrica del progreso? Esta pregunta es relevante, porque si continuamos midiendo las cosas equivocadas, entonces lo más probable es que también sigamos cometiendo las mismas equivocaciones. Éste sería un error fundamental en esta era de progreso tecnológico exponencial. Primero, los errores que de aquí se derivarían tendrían consecuencias indeseadas infinitamente mayores y, segundo, estas acciones nuevamente conferirían demasiado poder a la tecnología y muy poco a los seres humanos.

Si sólo midiéramos los datos duros producidos por cualquier acción, por ejemplo, cuántas ventas ha realizado cierto empleado, entonces nuestras conclusiones también estarían seriamente sesgadas. En la práctica, ninguno de los factores exclusivamente humanos es fácil de medir —por ejemplo, cuántas relaciones podría tener dicha persona con clientes clave, y si siente compasión por sus problemas y retos—. Cuanto más pretendamos que nuestros datos (y la inteligencia artificial (IA) que aprende de ellos) están completos al 100% de una forma verdaderamente humana, más equivocadas estarán las conclusiones del sistema. Tendemos a ignorar los androritmos y a favorecer los algoritmos, porque nos gustan los atajos y las simplificaciones.

El hecho de que pudiéramos medir qué tan eficientes serían un negocio o un país, en términos de digitalización o de automatización, generaría un panorama económico muy prometedor. No obstante, si consideráramos qué tan felices serían los empleados y los ciudadanos después de que todo estuviera automatizado y robotizado, la perspectiva social sería muy diferente.

En 1968, el en aquel entonces senador de los Estados Unidos, Robert Kennedy, ya consideraba el PIB como una medida inadecuada que "medía todo excepto aquello que hacía que la vida mereciera la pena".[166] A mi modo de ver, esto subraya un punto crucial: los algoritmos pueden medir e incluso simularlo todo, excepto aquello que realmente importa a los seres humanos. Dicho esto, mi intención no es menospreciar lo que los algoritmos y la tecnología en general pueden hacer por nosotros. En realidad, pienso que es importante colocar a la tecnología en su lugar correcto, es decir, implementarla donde sea apropiado, y retirarla donde sea perjudicial.

Una mala definición de lo que significa prosperar sólo dará mayor poder a las máquinas

Me preocupa que nos demos cuenta, demasiado tarde, de que durante mucho tiempo hemos definido mal qué significa prosperar. Hemos aceptado los placeres hedonistas como si fueran suficientemente buenos, pues pueden, con frecuencia, ser manufacturados, organizados o provistos por la tecnología. Las redes sociales constituyen un ejemplo de lo anterior: el hecho de recibir *likes* de los demás realmente nos hace experimentar placer —y, siendo claros, ésta es una forma de hedonismo, una trampa de placer digital—. Sin embargo, es probable que haciendo lo anterior no lleguemos a experimentar la felicidad propia de un contacto humano significativo y personal (esto es, como Martin Seligman propone en su modelo PERMA, un término clave que esbozaré más adelante).[167]

Quizá sólo podamos realmente comprender esta diferencia cuando finalmente cada uno de los rasgos que nos hacen humanos haya sido, o bien reemplazado, o bien casi imposibilitado, por tecnologías híper-eficientes, orientadas al cumplimiento y a la ejecución de tareas, un punto en el que habremos olvidado o perdido las habilidades necesarias para poder hacer que cualquier cosa funcione por nosotros mismos. Realmente espero que no lleguemos a este punto, pero dados los cambios tecnológicos exponenciales a los que nos enfrentamos, resulta claro que debemos empezar a definir la "prosperidad" como crecer de una manera sana. Esto implica desarrollar una visión más holística de nuestro futuro, que pueda ver más allá de los abordajes de la felicidad meramente mecanicistas, reduccionistas y frecuentemente hedonistas, mismos que han sido apoyados por tantos tecnólogos.

El psicólogo Martin Seligman afirma que la verdadera felicidad no proviene exclusivamente de placeres externos y momentáneos. Recurre a su modelo PERMA para resumir los principales hallazgos de su investigación en torno a la psicología positiva.[168] En particular, los seres humanos parecen ser más felices cuando tienen:

- *Pleasure* (placer: comida sabrosa, baños calientes)
- *Engagement* (compromiso: o *flow*, una especie de absorción interior, una actividad disfrutable aunque desafiante)
- *Relationships* (relaciones: los vínculos sociales han mostrado ser un indicador extremadamente confiable de la felicidad)

- *Meaning* (sentido: una búsqueda percibida de pertenencia a algo más grande que nosotros mismos)
- *Accomplishments* (logros: haber alcanzado metas tangibles)

Es verdad que la tecnología tendría mucho que aportar en relación al placer y a los logros y, posiblemente, también podría contribuir al compromiso. Pero, en contraste, no creo que la tecnología realmente fomente las relaciones reales, ni tampoco nos ayude para establecer nuestro sentido, propósito o significado. De hecho, creo que la tecnología podría generar justo lo contrario, ya que a menudo puede ser bastante nociva para las relaciones, como ocurre cuando nos obsesionamos con nuestros dispositivos móviles mientras cenamos con la familia.

La tecnología puede obscurecer nuestro sentido y nuestro propósito (a raíz de una sobrecarga de datos y una automatización imprudente), así como generar filtros burbuja extremos (recibiendo y alimentándonos exclusivamente de aquellos contenidos que parecen agradarnos), y facilitar una mayor manipulación a través de los medios. Es verdad que la tecnología —utilizada como un medio y no como un fin— en términos generales es y será útil; sin embargo, conforme ascendamos más a lo largo de la escala exponencial, su uso excesivo y la dependencia que genere podrían llegar a ser incluso igual de perjudiciales.

Con frecuencia me pregunto qué ocurrirá en cuanto las tecnologías exponenciales realmente empiecen a surtir su efecto. ¿Se volverán nuestras vidas más hedonistas o más eudaimónicas: más dirigidas por el *hit* del momento, o más profundamente significativas? ¿Caeremos en trampas de placer incluso más superficiales, donde las máquinas gobernarían y mediarían nuestra experiencia, o nos esforzaremos por una felicidad exclusivamente humana?

Compasión: un rasgo único ligado a la felicidad

Otro factor importante a considerar en este contexto es la compasión. En su libro del 2015, *An Appeal by the Dalai Lama to the World: Ethics Are More Important than Religion* (*El llamamiento del Dalái Lama al mundo: La ética es más importante que la religión*), el Dalái Lama habla sobre la relación entre la felicidad y la compasión:

> Si deseamos ser felices, practiquemos la compasión; si deseamos que otros sean felices, practiquemos la compasión.[169]

La compasión —dicho con sencillez, la "preocupación empática por el sufrimiento o desgracia de los demás"—es una de las cosas más difíciles de comprender y, ciertamente, una de las más difíciles de practicar. La compasión es mucho más ardua que la inteligencia o la destreza intelectual.

¿Podrían imaginarse una computadora, una aplicación, un robot, o un producto de software que tuviera compasión? ¿Una máquina que sintiera lo que ustedes sienten, que resonara con sus emociones, y que sufriera cuando ustedes lo hicieran? Es verdad que podemos vislumbrar máquinas que tendrían la capacidad de entender nuestras emociones y que, incluso, podrían identificar la compasión en los rostros humanos o en el lenguaje corporal. También podemos imaginar máquinas que serían capaces de simular las emociones humanas, por el simple hecho de copiar o aprender a partir de lo que hagamos, pareciendo así como si realmente estuvieran sintiendo cosas.

Sin embargo, la diferencia radical es que las máquinas nunca tendrán un sentido de ser. No pueden ser realmente compasivas, sino que, a lo más, podrán llegar a simular que lo son. En efecto, ésta es una distinción crítica sobre la que deberíamos reflexionar en mayor detalle, si tenemos en mente el tsunami tecnológico que se avecina para devorarnos. Si seguimos confundiendo una simulación bien ejecutada con el referente real, con lo que realmente es, confundiendo una versión algorítmica de sensibilidad con una consciencia real, entonces estaremos metidos en un gran problema.

En esta confusión también radica el principal fallo del transhumanismo.

A mi modo de ver, las máquinas se volverán extremadamente buenas, rápidas y baratas para simular o duplicar rasgos humanos, pero nunca podrán realmente ser humanas. El verdadero reto que enfrentaremos será resistir la tentación de aceptar estas simulaciones como si fueran "suficientemente buenas", al grado de permitir que reemplacen las interacciones exclusivamente humanas. Una respuesta necia y peligrosa sería renunciar a la experiencia verdaderamente humana de la eudaemonía, a cambio de los placeres hedonistas ubicuos, a cambio del *hit* del momento provisto por las máquinas.

En *Our Final Invention: Artificial Intelligence and the End of the Human Era* (*Nuestro último invento: la inteligencia artificial y el fin de la era humana*), James Barrat escribe:

> Si un potente sistema de IA tuviera la tarea de garantizar su seguridad, podría mantenerles prisioneros en su propio hogar. Si le pidieran la felicidad, podría conectarles a un sistema de soporte vital, y estimular incesantemente los centros del placer de su cerebro. Si no le proporcionaran a la IA una librería muy extensa de sus conductas preferidas, o bien, le dieran unos parámetros muy claros para que dedujera qué conducta es la que ustedes prefieren, estarían entonces condenados a lo que se le ocurriera. Y, dado que se trata de un sistema muy complejo, quizá nunca llegarían a entenderlo lo suficientemente bien como para estar seguros de haberlo entendido correctamente.[170]

Felicidad *versus* dinero: experiencia *versus* posesiones

Las personas suelen destacar que la felicidad basada en nuestras posesiones materiales, o en nuestra situación financiera, tiene en realidad una importancia limitada. La investigación ha mostrado que, en los así llamados países desarrollados, la felicidad en general incrementa cuando las personas ganan más dinero, pero sólo hasta cierto punto: hay diferentes estudios que sugieren que ganar más de $50,000-75,000 USD al año, en realidad no añade mucha más felicidad a la vida de las personas. De igual manera, la correlación entre los ingresos y el bienestar también tiene su límite.[171]

La felicidad no puede ser adquirida o comprada y, por consecuencia, es imposible llenar con ella una aplicación, o un bot, o cualquier otra máquina. La evidencia que respalda esto sugiere que las experiencias tienen un impacto mucho más prolongado en nuestra felicidad general que las posesiones.[172] Las experiencias son personales, contextuales, puntuales, y encarnadas. Las experiencias se basan en aquellas cualidades únicas que nos hacen humanos —nuestros androritmos—.

Cómo ha hecho notar en abril de 2015 en su blog del *Huffington Post*, el Dr. Janxin Leu, director de la innovación de productos en HopeLab, afirma lo siguiente:

Investigadores de la University of Virginia, de la University of British Columbia, y de la Harvard University, publicaron un estudio en 2011, tras examinar numerosos artículos académicos para dar respuesta a una aparente contradicción: cuando se le pedía a la gente que evaluara sus vidas, las personas con más dinero afirmaban estar mucho más satisfechas. Sin embargo, si se les preguntaba qué tan felices estaban en ese momento, resultaba que las personas con más dinero apenas y se distinguían de aquéllas que tenían menos.[173]

La felicidad humana es —o debería ser— el principal propósito de la tecnología

La tecnología, que deriva de las palabras griegas *techne* (método, herramienta, habilidad u oficio), y *logia* (conocimiento, de los dioses), siempre ha sido creada por los seres humanos para mejorar su bienestar, pero ahora parece probable que la tecnología no tarde en ser utilizada para mejorar a los propios seres humanos.

Solíamos crear tecnología para mejorar nuestras condiciones de vida, haciéndolo de una manera que hacía más probable y más prevalente la felicidad espontánea. Por ejemplo, Skype, GoogleTalk, y toda una serie de aplicaciones de mensajería, nos permiten conectarnos con prácticamente quien queramos en cualquier momento, en cualquier lugar y, además, de forma gratuita. Ahora, sin embargo, como consecuencia del progreso tecnológico exponencial y combinatorio, la tecnología ha ido progresivamente convirtiéndose en un fin en sí mismo. Nos descubrimos tratando de conseguir más *likes* en Facebook, o reaccionando constantemente cuando nos llegan notificaciones o avisos, porque el sistema demanda nuestra atención.

¿Qué pasaría si el medio se convirtiera en el fin, como ya ha ocurrido con Facebook? ¿Qué pasaría si fuera tan irresistible y tan conveniente, al grado de depositar en él nuestra propia noción de propósito? ¿Qué ocurriría cuando todos los teléfonos inteligentes, las pantallas inteligentes, los relojes inteligentes, y las gafas de realidad virtual (RV) se vuelvan ellos mismos cognitivos, dejando de ser nuestras meras herramientas? ¿Qué ocurriría si nuestros cerebros externos pudieran conectarse directamente con nuestro propio neocórtex?

La tecnología no tiene ética, y vive en la nube del nihilismo, un lugar sin creencias

Independientemente de lo mucho que amemos la tecnología, ha llegado la hora de enfrentar el hecho de que no tiene, ni jamás tendrá, ni tampoco debería tener, ningún tipo de consideración inherente por nuestros valores, nuestras creencias o nuestra ética. La tecnología sólo podría considerar nuestros valores como fuentes de datos que explicarían nuestra conducta.

Los bots y los asistentes digitales inteligentes (IDAs) absorberán, leerán y analizarán cada vez más decenas de millones de fuentes de datos sobre mí mismo, masticando cada migaja digital que deje caer. Sin embargo, independientemente de cuántos "datos de Gerd" pudieran acumular y analizar, el software y las máquinas nunca podrán realmente comprender ni mis valores ni mi ética, porque no pueden ser humanos de la misma forma en que yo lo soy. No dejarán de ser aproximaciones, simulaciones, y simplificaciones. Útiles, sí, pero no reales.

Permítanme presentar algunos ejemplos de los retos éticos que estos avances tecnológicos plantean.

Muchos científicos nucleares no imaginaron la creación de la bomba atómica, cuando estaban esforzándose por solucionar una serie de retos científicos y matemáticos subyacentes. El propio Einstein se consideraba a sí mismo un pacifista pero, aun así, exhortó al gobierno de los Estados Unidos para que la bomba se construyera antes que Hitler lo hiciera. Y, como ya se ha mencionado, J. Robert Oppenheimer, por muchos considerado el padre de la bomba atómica, se lamentó por sus acciones tras lo acontecido en Hiroshima y Nagasaki.[174] No obstante, la ética imperante en los complejos militares y políticos donde se encontraban, dio pie a que se convirtieran en verdaderos colaboradores de la creación de armas de destrucción masiva.

El Internet de las cosas (IoT) representa otro gran ejemplo — seguramente reportaría grandes beneficios, al recolectar, conectar y combinar enormes cantidades de información, provenientes de cientos de miles de millones de objetos conectados a la red—. Dado su alcance, el IoT podría ser una solución potencial para muchos de los retos globales que hoy enfrentamos, como serían el cambio climático o el monitoreo ambiental.

La idea de fondo es que, una vez que todo sea inteligente y todo esté interconectado, lograremos que muchos procesos sean más eficientes, disminuyendo a su vez los costos, y obteniendo grandes ganancias a favor de la protección del medio ambiente. Aunque todas estas ideas son excelentes, los esquemas actuales con los que se está desarrollando el IoT casi no se preocupan por las consideraciones humanas, ni por los androritmos, ni tampoco por inquietudes éticas. No está del todo claro cómo se mantendrá la privacidad en este cerebro en la nube global, cómo se impedirá caer en una vigilancia absoluta, ni tampoco quién se encargará de todos estos nuevos datos. En este momento, la atención está siendo dirigida en su mayor parte a las maravillas de la eficiencia y de la híper-conectividad, y parecería que nadie se está preocupando ni por las consecuencias imprevistas ni por las externalidades negativas que podrían surgir.

En el ámbito de la atención sanitaria, el experto de la abundancia exponencial de Silicon Valley, Peter Diamandis (cuyo trabajo en general aprecio mucho) habla en términos positivos de Human Longevity, Inc., su nueva *startup*, creada junto al pionero de la genética Craig Venter, indicando cómo ésta nos permitirá vivir mucho más tiempo —incluso para siempre—.[175] No obstante, parece como si ignorara en gran medida la mayoría de las cuestiones éticas y morales que rodean el debate en torno al envejecimiento, la longevidad y la muerte.

¿Quién podrá pagar estos tratamientos? ¿Sólo los ricos tendrían la posibilidad de vivir más de 100 años? ¿Qué podría implicar el fin de la muerte? ¿Es la muerte realmente una enfermedad, como Diamandis afirma, o constituye una parte integral e inmutable del ser humano? Abundan las preguntas pero, al igual que ocurriera durante las primeras investigaciones sobre las armas nucleares, muchos de los tecnólogos de Silicon Valley parecen estar avanzando tan rápido y tan lejos como puedan, sin un mínimo de reflexión sobre los problemas que sus innovaciones podrían ocasionar.

"La muerte es una gran tragedia… una profunda pérdida.
No la acepto… creo que las personas se engañan cuando
afirman que la muerte no les incomoda".
—Ray Kurzweil[176]

Aquí el mensaje de fondo es que la tecnología, al igual que el dinero, no es ni bueno ni malo; simplemente existe como un medio. En la década de los cincuenta, Octavio Paz, el gran poeta mexicano, lo resumió muy bien:

El nihilismo de la técnica no consiste únicamente en ser la expresión más acabada de la voluntad de poder, como piensa Heidegger, sino en que carece de significación. El *¿para qué?* y el *¿por qué?* son preguntas que la técnica no se hace.[177]

Me pregunto si el nihilismo de las tecnologías exponenciales también será exponencial. ¿Acaso mil veces más nihilista, y quizá igual de narcisista? ¿Acabaremos por ser una especie completamente carente de consciencia, de misterio, de espiritualidad, de alma, por el simple hecho de que no haya lugar para estos androritmos en la era de las máquinas que se avecina?

En este contexto hay dos elementos críticos que hemos de considerar:

1. Esta tecnología tan maravillosa siempre debería ser diseñada, ante todo, para fomentar la felicidad humana, esto es, no sólo a favor del crecimiento y la rentabilidad ya que, de sólo enfatizar los esfuerzos en esa dirección, sería altamente probable que no tardaríamos en convertirnos en máquinas. Este nuevo paradigma representaría un cambio radical para todos los negocios y las organizaciones.
2. Aquella tecnología que tuviera posibles consecuencias catastróficas —como la geo-ingeniería y la inteligencia artificial general— debería ser dirigida y supervisada por

aquellos que hayan mostrado poseer sabiduría práctica —lo que los griegos de la antigüedad llamaban *frónesis*—. La gestión de estas tecnologías no debería quedar en manos ni de desarrolladores tecnológicos, ni de corporaciones, ni de burócratas militares o inversores de capital de riesgo, ni de las mayores plataformas de Internet.

¿A qué equivaldrá todo el progreso tecnológico si nosotros, como especie, no prosperamos, y si no logramos algo que genuinamente nos lleve a todos hasta un nuevo plano de felicidad?

Consecuentemente, al momento de evaluar las nuevas tecnologías o la última ola de avances de las ciencias, la tecnología, la ingeniería y las matemáticas (STEM), siempre deberíamos preguntarnos si ésta o aquella innovación realmente impulsarán el bienestar colectivo de la mayoría de los implicados para su consecución.

Este conjunto de tecnologías nuevas y más baratas, así como una mayor comodidad, una mayor abundancia, el consumo facilitado, los poderes sobrehumanos, y las mayores ganancias económicas, ¿realmente nos harán felices? La presencia de mejores aplicaciones, mejores bots y IDAs, formas más poderosas de realidad aumentada (RA) y de realidad virtual (RV), o el acceso instantáneo a un cerebro global por medio de nuevas interfaces cerebro-computadora (ICC), ¿implicarán que nosotros, tanto a nivel de especie como a nivel individual, realmente estaremos prosperando? ¿O, más bien, los que principalmente se beneficiarán serán quienes generen, posean y ofrezcan estas herramientas y plataformas?

El objetivo debería ser el bienestar humano

Al hablar sobre el futuro de la tecnología en particular, creo que el bienestar —ese estado en el que nos sentimos a gusto, sanos o felices— se está convirtiendo en una palabra clave. El bienestar implica un abordaje más holístico, que trasciende la medición de nuestras funciones corporales, de nuestra potencia informática mental, o del número de sinapsis en nuestros cerebros. El bienestar expresa nuestra condición encarnada, nuestro contexto, nuestra experiencia en el tiempo, nuestra sensación de conexión, nuestras emociones, así como nuestra espiritualidad, y un sinfín de otras cosas que todavía tendríamos que explicar y comprender. El bienestar no es algorítmico —es androrítmico, y se basa en realidades complejas como la confianza, la compasión, las emociones y la intuición—.

La tecnología suele ser muy buena para crear los así llamados "momentos", como el hecho de poder llamar a un ser querido desde donde sea y cuando quiera. Sin embargo, el bienestar también trasciende en gran medida lo que la tecnología nos puede facilitar. Tras tener la experiencia de sumergirme en iniciativas empresariales de Internet, y haber estado implicado con *startups* de música digital durante casi diez años, no fue sino hasta después de la repentina desaparición de mi empresa *dotcom*, en el 2002, que entendí cómo una forma de bienestar más holístico en realidad proviene de las relaciones, de poseer un sentido, de tener un propósito, y del contexto. ¡La felicidad no puede ser automatizada!

¿Puede la tecnología manufacturar la felicidad?

Tecnologías exponenciales como la IA, sin duda pretenden crear las condiciones necesarias para fomentar la felicidad y el bienestar humanos. Algunas de estas tecnologías pretenden incluso poder manufacturarnos la felicidad —o, al menos, una aproximación digital de ésta—. Estamos siendo testigos cada vez más de argumentos que sostienen que la felicidad puede ser programada, organizada, u orquestada por formas de tecnología súper-inteligente. El argumento clave de los pensadores tecno-progresistas es que, el hecho de ser felices, es sólo resultado de que las neuronas correctas disparen en el momento y orden correctos. Según su modo de pensar, todo se reduce a mera biología, química y física, por lo que la felicidad puede ser comprendida, aprendida, y copiada completamente por las computadoras.

"Estamos siendo testigos de una sociedad cada vez más dependiente de las máquinas que, no obstante, a la vez se está volviendo cada vez menos capaz de crearlas e incluso de usarlas de manera efectiva". —Douglas Rushkoff, Program or Be Programmed: Ten Commands for a Digital Age (Programa o sé programado: 10 mandamientos para una era digital)[178]

Tal vez lleguemos a crear una especie de máquina de la felicidad, capaz de manipular, controlar, e incluso programar tanto a nosotros mismos como a nuestro ambiente. Quizá haya una aplicación para eso, ¡o al menos debería existir! Revisen un momento *www.happify.com*, y observarán cómo la idea de organizar nuestra felicidad ya está siendo comercializada, ¡con una herramienta de software que les enseña cómo ser felices! Sólo podemos imaginar en qué podría convertirse todo esto cuando llegue el año 2025, cuando tengamos una aplicación conectada directamente con nuestro cerebro a través de una ICC o por medio de diminutos implantes, para garantizar que estuviéramos felices todo el tiempo y, lo más importante, ¡que no dejemos de consumir felicidad!

A veces pienso que los emprendedores que pretenden lograr estas hazañas, consideran que las emociones, los valores y las creencias humanas deberían estar incluso más dominadas por los avances exponenciales de las STEM. El razonamiento detrás de todo esto sería que, en cuanto hayamos avanzado lo suficiente por este camino, podremos programarlo todo, e incluso (ya lo habrán adivinado) a nosotros mismos. Llegado este punto, podríamos finalmente deshacernos de nuestros límites biológicos, convirtiéndonos así en seres verdaderamente universales. ¡Me muero de ganas!

Bots del estado de ánimo y los placeres tecnológicos

Aquella tecnología capaz de crear, programar y manipular momentos placenteros (i.e. generarnos felicidad hedonista), representa un gran negocio que, sin duda, tendrá un enorme auge en el futuro próximo. Ya somos testigos de esto en el caso del canal de noticias de Facebook, mismo que sólo nos presenta aquellos elementos que nos hagan sentir bien y que somos apreciados. También está ocurriendo en el caso del comercio electrónico, donde los sitios de ventas recurren a multitud de neurocientíficos que ponen a punto nuevos mecanismos digitales de satisfacción instantánea. Así mismo, podemos observarlo en la atención médica, en el caso de los nootrópicos (también conocidos como drogas inteligentes o potenciadores cognitivos), que tienen por objetivo disparar nuestras capacidades súper-mentales.

Estas posibilidades también serán factibles en breve, gracias a la hábil manipulación de nuestros sentidos por medio de conversaciones controladas por voz y gestos (sin necesidad de escribir), que tendremos con nuestros asistentes digitales omnipresentes. Todo esto será posible gracias a dispositivos de RA/RV como Oculus Rift de Facebook, así como nuevas clases de interfaces humano-computadora e implantes neuronales. Las computadoras procurarán que nos sintamos felices. Tratarán de ser nuestras amigas. Y querrán que las amemos.

Todo esto sólo irá empeorando (o mejorando, dependiendo de su punto de vista).

Un artículo del 2015 a cargo de Adam Piore, en la revista *Nautilus*, subraya cómo podrían funcionar estos bots del estado de ánimo:

James J. Hughes, un sociólogo, autor y futurista en el Trinity College de Harford, visualiza un día no muy lejano en el que desentrañaremos los determinantes genéticos de neurotransmisores clave como la serotonina, la dopamina y la oxitocina, siendo entonces capaces de manipular los genes de la felicidad —ya sea el 5-HTTLPR relacionado con la serotonina, o algo semejante— con tecnologías precisas de nanoescala que vinculen la robótica con la farmacología tradicional. Estos "bots del estado de ánimo", una vez ingeridos, viajarían directamente a áreas específicas del cerebro, encenderían genes, y manualmente aumentarían o disminuirían nuestro punto de ajuste de la felicidad, coloreando así el modo en que experimentamos las circunstancias que nos rodean.

"Conforme la tecnología se vaya volviendo más fina, seremos capaces de afectar nuestro estado de ánimo de formas cada vez más precisas entre personas comunes y corrientes", afirma Hughes, quien también ha sido director ejecutivo del Instituto para la Ética y las Tecnologías Emergentes (Institute for Ethics and Emerging Technologies), y autor en el 2004 del libro *Cyborg Citizen: Why Democratic Societies Must Respond to the Redesigned Human of the Future* (*Ciudadano cíborg: por qué las sociedades democráticas deben responder ante un futuro humano rediseñado*).[179]

Por mi parte, argumentaría que la tecnología digital ya satisface los placeres hedonistas de sus usuarios con bastante eficacia. Basta con pensar en las aplicaciones, en los asistentes digitales inteligentes, así como en las redes sociales en general, donde el propósito final de conectarnos con otros suele reducirse a sentir un incremento de dopamina gracias a las respuestas de perfectos desconocidos. En cierta forma, las redes sociales ya se han convertido en increíbles "generadores de felicidad hedonista".

Pero, claro está, la cuestión central sería lo que estas tecnologías exponenciales y sus beneficios podrían hacer para facilitar y fomentar la consecución de la eudaimonía (la felicidad conectada a un sentido y propósito de vida, como fin de la existencia humana), o bien, para apoyarnos en nuestra búsqueda de propósitos nobles, o para descubrir el significado de la vida.

Esto me parece una misión imposible, por el simple hecho de que la tecnología no se pregunta —ni le preocupa— su propósito en lo absoluto. Pues, ¿por qué debería hacerlo?

Luego encontramos la cuestión de si dicha felicidad eudaimónica podría en cierta medida ser planeada, orquestada, o dispuesta previamente, ya sea por vía digital o no. Éste es un concepto que Viktor Frankl, un psicólogo vienés y fundador de la logoterapia, explora en su libro de 1946 *El hombre en busca de sentido:*

> La felicidad no puede ser perseguida; debe suceder, y sólo sucede como efecto colateral de una dedicación personal a una causa mayor que uno mismo o como producto de la entrega a una persona que no es uno mismo. Cuanto más se empeña un hombre en demostrar su potencia sexual, o una mujer en sentir un orgasmo, menos posibilidades tiene de éxito. El placer es, y así debe seguir siendo, un efecto secundario, y se destruye o malogra si se hace de él un fin en sí mismo.[180]

La idea de que el placer hedonista sea un efecto colateral de una prosperidad más amplia (eudaimonía) me parece que tiene mucho sentido. Por lo tanto, sostengo que deberíamos adoptar la tecnología —esto es, experimentar el placer que de ella se deriva — mas no transformarnos en tecnología, pues esto imposibilitaría la experiencia de la verdadera eudaimonía.

Tengamos cuidado con lo que deseamos

El debate sobre si deberíamos extender dramáticamente la longevidad humana —e intentar poner fin a la muerte— constituye un gran ejemplo de cuán difícil es determinar si cierto avance tecnológico resultará o no en la prosperidad humana. Este ejemplo también apunta hacia uno de los mayores dilemas que no tardaremos en enfrentar: el hecho de que podamos hacer algo, ¿implica acaso que debamos hacerlo? ¿Podríamos considerar no hacer ciertas cosas, por el hecho de que podrían conllevar efectos secundarios negativos que atentarían contra la prosperidad humana?

Algunos avances tecnológicos para la edición genética, como CRISPR-Cas9, podrían en algún momento ayudar a detener el cáncer o el Alzheimer, lo que evidentemente contribuiría a nuestro bienestar colectivo. Sin embargo, otra posible aplicación de esta magia científica sería la programación de bebés, incrementos dramáticos en nuestra longevidad, e incluso la posibilidad de poner fin a la muerte de los seres humanos — aunque, muy probablemente, todo esto sería muy costoso, y sólo unos cuantos tendrían los suficientes recursos como para permitírselo—. ¿Cómo podríamos asegurar que esos avances fueran en un 95% positivos para la humanidad, y que no originaran disrupciones, terrorismo, o una desigualdad exponencial?

Desde Silicon Valley, el epicentro de la convergencia entre humanos y tecnología, a Peter Diamandis le gusta afirmar lo siguiente: "La cuestión es qué tanto estarían las personas dispuestas a pagar con tal de obtener unos 20, 30, 40 años más de vida sana —se trata de una gran oportunidad—".[181] Este comentario nos dice muchísimo sobre la filosofía de Silicon Valley: ¡Todo es una oportunidad de negocio, incluso la felicidad humana!

Analicemos ahora el incremento de lo que el escritor Amy Maxman, en la revista Wired, en julio de 2015, llamó "El motor del Génesis", esto es, el concepto de editar el ADN humano.[182] El primer paso consistiría en el análisis del ADN en miles de millones de personas, con la finalidad de identificar qué genes serían los responsables de las distintas condiciones y enfermedades. Esta tarea requeriría de una cantidad ingente de potencia informática, así como de un amplio apoyo público. En segundo lugar, en cuanto se identificara algún gen que fuera responsable de algo dañino como, por ejemplo, un cáncer (asumiendo que este proceso fuera tan sencillo), entonces el siguiente paso sería encontrar la manera de eliminar o suprimir dicho gen, para impedir que la enfermedad se desarrollara. En tercer lugar encontraríamos la noción de, esencialmente, programar a las personas de la misma manera en que programamos software o aplicaciones hoy en día —eliminando todos los pequeños errores y añadiendo nuevas funciones—.

¿Les resulta deseable este futuro? La mayoría de las personas clamarían que sí, porque suena demasiado bueno como para ser cierto. Sin embargo, la mente se aturde en cuanto nos percatamos de lo que todas estas hazañas científicas podrían significar en un contexto más amplio. ¿Quién podría pagar estos tratamientos? ¿Quién regularía dónde podrían o no aplicarse? ¿Estaríamos abriendo las puertas de par en par a una generación de individuos sobrehumanos, cerrando las puertas a los seres humanos obsoletos, comunes y corrientes? El hecho de poder programar nuestros genes, ¿implicaría que, inadvertidamente, estaríamos dando pasos en dirección hacia volvernos más semejantes a las máquinas?

Por un lado, la edición del genoma humano con el propósito de eliminar las enfermedades, definitivamente daría por resultado un aumento de bienestar y felicidad; sin embargo, esas mismas capacidades también podrían con toda facilidad derivar en guerras civiles y en terrorismo. Sólo imaginen lo que ocurriría si exclusivamente los millonarios pudieran librarse de todas las enfermedades que amenazaran la vida, y vivieran hasta los 150 años, mientras que el resto de las personas sólo pudieran vivir hasta los 90 años o murieran incluso más jóvenes —o ni siquiera pudieran cubrir sus necesidades básicas de salud—. No habría que ir mucho más lejos si buscáramos una fuente de disturbios civiles nacidos de la desesperación. ¿Cómo es posible que siquiera pensemos en ofrecer estas posibilidades, sin antes considerar estos problemas éticos y sociales tan apremiantes? ¿Por qué destinamos billones de euros a las STEM y, en cambio, invertimos tan poco en las cuestiones humanas que he llamado CORE (creatividad-compasión, originalidad, reciprocidad-responsabilidad, y empatía?

Un ejemplo positivo

No es necesario recurrir a ejemplos tan extremos para encontrar un argumento convincente, a favor o en contra, de la experiencia humana mediada por lo digital. Tomemos el caso de Wikipedia, una base global de conocimiento sin afán de lucro. Se trata de un ejemplo positivo de bienestar colectivo, posible gracias a la tecnología. La creación de Wikipedia, en gran medida respondió a un deseo por mejorar la sociedad. En un tiempo en el que el conocimiento y la información no eran de fácil acceso para todos, Wikipedia lo hizo posible por doquier —sin tener que pagar por diccionarios, librerías, o bases de datos comerciales y gubernamentales anticuadas—.

Sin duda, las personas en todo el mundo están contentas con Wikipedia, y su cofundador, Jimmy Wales, ha sido ampliamente aplaudido por impulsar el progreso colectivo de la sociedad con esta innovación. Así mismo, algunas consecuencias no intencionadas de Wikipedia, como la desaparición de la versión impresa de la *Enciclopedia Británica*, podrían parecer poco significativas.

Por ende, Wikipedia constituye un buen ejemplo de cómo la tecnología puede favorecer la prosperidad y el bienestar humanos, pero no por ello está libre de defectos. Un ejemplo de ello es mi registro de Wikipedia en lengua inglesa, que en 2011 fue eliminado por falta de notoriedad.

En contraste, otras innovaciones como Tinder (una aplicación popular de citas, sólo en caso de que todavía no hayan tenido el placer de conocerla), Google Maps, o el Apple Watch, en realidad no promueven el bienestar colectivo de la misma forma en que Wikipedia lo hizo —y, aunque todas ellas podrían ser muy útiles e incluso cautivadoras, no dejan por ello de ser expresiones de una aproximación del tipo "podemos hacerlo" a la tecnología del estilo de vida—. Ciertamente son útiles, aunque probablemente no promuevan el bienestar a nivel general o, al menos, no de la misma forma que Wikipedia lo ha hecho.

¿Entregando la felicidad a cambio de un hedonismo impulsado por la tecnología?

Imaginen si pudiéramos simular fácilmente la sensación de intimidad con una pareja sexual humana, utilizando un robot sofisticado y atractivo, que funcionara a través de inteligencia artificial (y, efectivamente, en caso de que se lo preguntaran, esta industria está creciendo con rapidez).[183]

En todos los sentidos, el hecho de tener sexo con robots definitivamente sería una experiencia hedonista. Pero, entonces, podríamos preguntarnos: ¿seguiríamos estando tan interesados en buscar la verdadera felicidad, por ejemplo, a través de experiencias sexuales plenas en nuestra vida cotidiana y real, en relaciones entre seres humanos, donde realmente tuviéramos que esforzarnos para que la relación funcionara? O, más bien, ¿nos acostumbraríamos a la facilidad con la que los robots sexuales estarían disponibles y, por tanto, los preferiríamos por su conveniencia? ¿Qué tan tentador sería tomar una actitud de consumo como ésta hacia el sexo? Y, por otro lado, ¿quiénes somos para negar a las personas el derecho a disfrutar lo que quieran?

Es cierto que se podría argumentar que todavía podríamos reconocer la diferencia, y seguramente así sería. Pero, ¿en qué medida seríamos alterados, a nivel de nuestras mentes, si mantuviéramos constantemente un contacto sexual con robots? ¿No tendría algún impacto en nuestros cerebros, distorsionando nuestra percepción de la realidad, el modo en que creemos que las cosas del mundo realmente son?

Existen estudios que han mostrado que los hombres que ven pornografía rutinariamente, de hacerlo de manera extensa, sufren un impacto importante en la cantidad de estimulación necesaria para poder excitarse, así como para lograr un orgasmo.[184] Ahora bien, imaginen en qué medida esta cuestión se vería magnificada en presencia de robots sexuales, que con toda seguridad se volverían muy inteligentes, baratos, e increíblemente similares a los seres humanos —basta con que vean algunos episodios de la serie *Humans,* de AMC, para percibir hacia dónde podríamos estarnos dirigiendo—.[185]

¿Significa esto que deberíamos prohibir los robots sexuales, por la posibilidad de que acabemos realizando prácticas inhumanas? Desde mi propia perspectiva, considero que no sería dañina la prohibición de futuras generaciones de robots semejantes a los humanos, cuya semejanza sea social o de otro tipo pero, claro está, es bastante improbable que se pueda impedir su disponibilidad. Éste no es sino un ejemplo de cómo los beneficios tecnológicos exponenciales (en este caso, piel artificial, robótica, e IA) podrían conducirnos por el camino de la felicidad hedonista a incluso mayor velocidad, a un menor precio, y con una disponibilidad mucho más amplia.

La cuestión fundamental sería ésta: las tecnologías exponenciales, ¿fomentarán nuestro bienestar? Y, de hacerlo, ¿quién garantizará que no sean contraproducentes, ya sea deliberadamente o no? ¿Quién distinguirá entre lo que es humano y lo que no lo es, y en qué punto estaríamos cruzando la línea que nos diferencia de las herramientas que hemos creado?

Ésta es la tensión inherente entre el hombre y la máquina que la tecnología no puede resolver —incluso si llegara un día en el que simuláramos por completo un cerebro humano, con sus cien mil millones de neuronas—. La compasión y la felicidad, al igual que la consciencia, simplemente no existen como meros términos biológicos o químicos, sino sólo gracias a la interrelación holística de todo lo humano.

Las máquinas y el software difícilmente alcanzarán semejantes estados, aunque podrían, hasta cierto punto, ser cada vez mejores para simularlos. Es evidente que los programas de computadora ya pueden medir o detectar la compasión recurriendo a técnicas de reconocimiento facial, y es posible que lleguen a simular la compasión a través de software, tras revisar billones de variaciones de expresiones faciales e indicadores lingüísticos.

Los intentos por primero definir, y luego programar, algunas características humanas como la compasión, o algo tan misterioso como la consciencia, parecen todavía remotos e irrealizables, al menos en el futuro próximo. Pero, nuevamente, ¿no será que el verdadero peligro fuera que una gran simulación llegara a ser "suficientemente buena" para la mayoría de nosotros?

Cada vez estoy más preocupado por la idea de que, tarde o temprano, acabemos conformándonos con tener algo que sea lo suficientemente parecido.

Poniendo la tecnología en el lugar que le corresponde

Creo fundamentalmente que las computadoras, los programas de software, los algoritmos y los robots, difícilmente podrán desarrollar compasión y empatía humanas. Puedo entender los robots y la IA como ayudantes y siervos a nuestro servicio, pero definitivamente no como nuestros amos.

¿Realmente deberíamos intentar hacer uso de modelos matemáticos, o la inteligencia de las máquinas, para optimizar los resultados emotivos? Y, en el contexto del pensamiento de las máquinas, ¿deberíamos realmente recurrir a mejor tecnología para resolver los problemas sociales y políticos, por ejemplo, utilizando técnicas imperiosas de vigilancia para acabar con el terrorismo?

Los complejos valores androrítmicos deberían seguir siendo del dominio propio de los seres humanos, porque somos mejores en la creación de expresiones matizadas de dichos valores y, también, porque nuestro abordaje directo de estos problemas constituye un elemento clave para el desarrollo de la eudaimonía —la felicidad más profunda—.

Con frecuencia me pregunto si el progreso tecnológico exponencial generará una felicidad humana exponencial, que trascienda al 1% de aquellos que produzcan, posean y se beneficien de dichas máquinas milagrosas y tan brillantes. Me pregunto si estamos ante una meta virtuosa cuando pretendemos construir una máquina humana perfecta, que pudiera librarnos de nuestras deficiencias e incompetencias, hasta convertirnos finalmente en dioses —sea lo que sea que esto signifique—.

No sé ustedes, pero yo no lucharía por construir un mundo como ése. La propuesta de dicho camino implica apostar nuestro futuro, algo que podría envenenar el pozo del que beberán nuestros hijos y las generaciones futuras.

La felicidad no puede ser programada en las máquinas para luego ser automatizada y vendida. Tampoco puede ser copiada, codificada o captada por vía del aprendizaje profundo. La felicidad tiene que emanar de nosotros mismos, ha de crecer dentro de nosotros y entre nosotros, y la tecnología está aquí para ayudarnos, pero sólo como una herramienta. Nuestra especie se caracteriza por usar la tecnología, no por estar destinada a ser o convertirse en tecnología.

Finalmente, piensen en lo siguiente: la palabra felicidad (*happy*) en sí misma procede de la palabra vikinga *happ*, que significa suerte. Esta misma palabra también se refiere al concepto de casualidad (*happenstance*), o suerte. Los apologetas de la tecnología proclaman que están eliminando los elementos negativos de la casualidad de la vida de los humanos —que, como sabemos, son muchísimos, desde la enfermedad hasta la pobreza, y la propia muerte—. No obstante, al hacerlo, podrían estar alterando sistemáticamente la capacidad de los seres humanos para experimentar niveles todavía más profundos de felicidad, y que no dependen de las circunstancias cuantificables. Por supuesto, usemos las herramientas de la tecnología para eliminar los peligrosos riesgos que atentan contra el ser humano en el planeta Tierra. Pero no nos convirtamos en las herramientas de nuestras propias herramientas, ni tampoco entreguemos nuestra consciencia mercurial, ni la soberanía de nuestro libre albedrío, a cambio de un puñado de baratijas y pasiones baratas, como lo hicieran los inocentes nativos del Nuevo Mundo.

Capítulo 10
Ética digital

La tecnología no tiene ética —pero la humanidad depende de ella.

Hagamos un poco de matemática exponencial. Si seguimos el camino actual, en tan sólo ocho a 12 años —dependiendo de cuándo comencemos a contar— el progreso tecnológico, en general, dará un salto del punto de inflexión actual de cuatro hasta llegar a 128. Simultáneamente, nuestra dimensión ética irá a su lado cojeando con un avance lineal y gradual, mientras que, si somos afortunados, la escala de progreso humano pasará de cinco a seis, aumentando sólo ligeramente mientras nos adaptamos al nuevo contexto.

Aunque llegara un punto en el que la ley de Moore ya no se cumpliera, al menos en lo que respecta a los microchips, hay muchos campos dentro de la tecnología, desde la comunicación por banda ancha, hasta la inteligencia artificial (IA) y el aprendizaje profundo, que muy probablemente avanzarían de forma exponencial y con efectos combinatorios —donde los cambios se reforzarían entre sí—.[186]

Avancemos ahora otros diez años más, y podríamos especular un futuro 95% automatizado, híper-conectado, virtualizado, extremadamente eficiente, y mucho menos humano de lo que podríamos imaginarlo hoy en día. Si esta sociedad sonámbula sigue avanzando por la vía del crecimiento exponencial de los mega-cambios (véase el capítulo 3), sin detenerse a considerar sus consecuencias en la ética, en las creencias y en los valores humanos, y nos convertimos en una sociedad dirigida por los tecnólogos, por inversores de capital de riesgo, por los mercados de valores y por la milicia, es probable que lleguemos a instaurar una verdadera era de las máquinas.

Pero, ¿qué es la ética? Más allá de la respuesta sencilla, que sería el modo en que uno debería vivir, la palabra griega *ethos* significa hábito y costumbre.[187] Hoy en día solemos utilizar la ética como si fuera un sinónimo o versión abreviada de la moral, de los valores, de nuestros presupuestos, propósitos y creencias. La ética se interesa principalmente en cuestionar si algo es bueno o no en cierta circunstancia particular. Lo que nos parece correcto está gobernado por nuestra ética, y en muchos casos nos es difícil explicar por qué algo no se siente como si fuera lo correcto. Éste es uno de los claros retos que enfrentamos para acordar las reglas éticas más básicas en la era exponencial a la que estamos a punto de entrar. Sin embargo, más tarde intentaré formular algunas reglas éticas —o principios— que guíen el desarrollo tecnológico.

"Hoy en día el trabajo más necesario es el de distinguirnos de las máquinas. Esto implica redescubrir, por ejemplo, que todo conocimiento es en realidad conocimiento del hombre, y que nada que merezca ser considerado un ideal podrá encontrarse en un mundo diseñado, sino sólo en nosotros mismos". —Stephen Talbott[188]

El especialista en bioética Larry Churchill sugiere lo siguiente: "La ética, entendida como la capacidad para pensar críticamente sobre los valores morales, y dirigir nuestras acciones de acuerdo a dichos valores, representa una capacidad humana genérica".[189]

Así, si la ética —pensar críticamente sobre los valores morales y dirigir nuestras acciones en consecuencia— es en efecto una capacidad humana genérica, surgen entonces dos preguntas: si consideramos que las máquinas y las computadoras nunca llegarán realmente a comprender nuestra ética, entonces (a) ¿deberíamos sólo ser muy precavidos ante sus crecientes capacidades de autoaprendizaje? o bien (b), ¿deberíamos codificar algún tipo de ética básica en el software de nuestras máquinas y enseñarles a comprenderla y respetarla, esto es, la así llamada ética de las máquinas?[190] Éstas son preguntas importantes, y a continuación intentaremos responderlas.

¿Qué sería de nuestra ética si las máquinas pudieran aprender por sí mismas?

A la par del progreso exponencial de la tecnología, también surgen rápidamente preguntas éticas. Por poner un ejemplo, pensemos en los automóviles autónomos: ¿a quién debería atropellar el vehículo, si el accidente fuera imposible de evitar? En el caso de los robots que cuidan a personas en sus casas, ¿qué debería hacer el robot si el paciente se rehúsa a tomar su medicación? Cuando las máquinas ya no sigan árboles de decisión pre-programados, y comiencen a aprender por sí mismas, ¿también aprenderán aquellas cosas que incluso para los humanos son difíciles de expresar y codificar?

Los seres humanos no toman decisiones fijas del tipo "si un paciente tiene un 35% de probabilidad de tener un problema médico que ponga en riesgo su vida, entonces deberá tomar sus medicamentos, incluso a la fuerza". Evidentemente, los seres humanos hacemos cosas distintas en diferentes momentos, y también cometemos errores. Pero, ¿aceptaríamos esto en el caso de un robot, o bien, aceptaríamos ser tratados de esta manera por un robot?

En su breve historia de 1942, *Círculo vicioso* (*Runaround*), el escritor de ciencia ficción Isaac Asimov define las ahora infames tres leyes de la robótica:

1. Un robot no debería hacer daño a un ser humano ni, por omisión, permitir que un ser humano se haga daño.

2. Un robot debe obedecer las órdenes dadas por los seres humanos, excepto si dichas órdenes entraran en conflicto con la primera ley.
3. Un robot debe proteger su propia existencia, siempre y cuando dicha protección no entre en conflicto con la primera y segunda leyes.

¿Siguen siendo pertinentes estas leyes hoy en día, o serían desechadas inmediatamente por máquinas capaces de autoaprendizaje? Quizá un robot cuidador tendría que dañar a seres humanos (aunque sea marginalmente) porque otro ser humano con mayor autoridad (por ejemplo, un doctor) le ordenara que suministre el medicamento, incluso a la fuerza. ¿Cómo sabría nuestro robot cuándo comenzar y cuándo detenerse? Si tuviéramos que seguir una dieta estricta, ¿nuestro software entonces mantendría nuestro refrigerador bajo llave? ¿Inhabilitaría nuestro teléfono e Internet para evitar que ordenáramos una pizza? ¿Monitorearía nuestro baño en búsqueda de cualquier señal de consumo fuera de lo estipulado?

Con este contexto, resulta claro que ninguna IA podrá ser realmente inteligente sin algún tipo de módulo de gobierno ético pues, sin él, la IA muy probablemente sería incapaz de captar las piezas faltantes en el rompecabezas que los seres humanos sí consideramos, y siempre fallaría al momento de identificar lo más importante. Imaginemos una IA que manejara su vehículo autónomo sin saber cuándo debería o no matar a un animal que se cruzara en el camino.

No obstante, incluso si lográramos que los robots fueran inteligentes, en tanto que pudieran aprender y tomar decisiones por sí mismos, hoy en día todavía estarían casi en ceros en términos de inteligencia emocional y de inteligencia social —dos términos que ya de por sí son muy difíciles de explicar y de cuantificar—.

La cuestión de las máquinas que aprenden constituye una de mis principales preocupaciones en torno a la ética. El aprendizaje profundo es el área de la IA que ha recibido la mayor cantidad de inversión desde el 2015,[191] y es altamente probable que esta siga siendo la tendencia durante los próximos años. No seremos testigos de otro invierno para las IAs, esto es, otro periodo en el que los inversores dejen de invertir en los proyectos de IA por prometerles demasiado y devolverles poco.

Sólo imaginen lo que pasaría si (más bien, cuando) máquinas infinitamente más poderosas y supercomputadoras sean capaces de aprender cómo resolver prácticamente cualquier problema, basándose exclusivamente en un enorme flujo de datos en vivo, esto es, sin ningún tipo de comando o programación previos. El triunfo del Alpha Go de DeepMind de Google, del que ya hemos hablado, constituye un excelente ejemplo de este tipo de capacidades de aprendizaje puestas en acción.[192]

Gracias al aprendizaje profundo, estas potentes máquinas podrían descubrir una serie de reglas menos estrictas, así como valores y distintos principios subyacentes, comprendiéndolos e incluso simulándolos. No obstante, si éste fuera el destino del próximo gran avance en la informática (o, cómo a IBM le gusta decirlo, si llegáramos a una "computación cognitiva"), nosotros como simples humanos no podríamos juzgar si las recomendaciones de una IA son correctas o no, puesto que las capacidades informáticas de las máquinas rebasarían radicalmente las nuestras. Éste es un problema mordaz: si inventamos máquinas que trasciendan por muchos órdenes de magnitud nuestras propias capacidades, con CIs de 50,000 o más, ¿cómo podríamos saber si se puede o no confiar en ellas? Y, ¿quién podría supervisarlas? ¿Llegarían a ser sensibles de alguna manera novedosa? ¿Deberíamos integrarles un conjunto de parámetros éticos humanos deseables? ¿Sería esto posible?

En su artículo de 1987 en la revista *AI*, titulado "A Question of Responsability" (Una cuestión de responsabilidad), Mitchell Waldrop escribió:

Es evidente que… las máquinas inteligentes encarnarán valores, presupuestos y propósitos, independientemente de que sus programadores pretendan conscientemente que lo hagan o no. Por ende, conforme las computadoras y los robots se vayan volviendo cada vez más inteligentes, se torna imperativo que consideremos cuidadosa y explícitamente qué valores integrados serían ésos.[193]

Esta cuestión es incluso más importante ahora que estamos entrando en una era exponencial, y debemos ponderar qué marcos éticos deberían establecerse para todas las tecnologías exponenciales, incluyendo la IA, la geo-ingeniería, la computación cognitiva y, especialmente, la edición del genoma humano. Esto incluye tanto los marcos que han sido programados (in)voluntariamente en las máquinas por sus inventores o constructores humanos, así como aquéllos que las propias máquinas podrían aprender y desarrollar con el paso del tiempo.

Si Watson de IBM es realmente una máquina pensante, ¿cómo tratará los parámetros y valores humanos que sean poco claros, ambiguos o tácitos, incluso entre los seres humanos? ¿Podrá arraigarse está ética de la IA por medio de una pre-programación, o será algo que evolucionará y se adaptará utilizando redes neuronales de aprendizaje profundo, imitando el modo en que nuestros cerebros adquieren nueva información? Y, de tratarse de máquinas capaces de autoaprendizaje, ¿cómo podrían los seres humanos verificarlas, controlarlas y ajustarlas? ¿Cómo podrían estos sistemas satisfacer la enorme variedad de combinaciones culturales de la ética humana?

Las preguntas científicas más profundas sobre la IA y el aprendizaje profundo, como serían la factibilidad técnica de controlar este tipo de nuevas inteligencias, escapan por ahora tanto mi propio alcance como el de este libro pero, de cualquier modo, es obvio que tenemos una tarea titánica por delante. En efecto, dentro de muy poco, el papel de los especialistas en ética digital será uno de los trabajos más solicitados, junto con el de los científicos dedicados a los datos. Quizá éste también sea un buen trabajo para sus hijos.

¿Tampoco habría religión?

Así mismo, es muy importante que recordemos que la ética no es lo mismo que la religión, en lo absoluto. En su iluminador libro del 2011, *Beyond Religion* (*Más allá de la religión*), el Dalái Lama subraya que todos tenemos ética, pero que sólo algunas personas tienen religión, y luego hace un llamado para establecer una ética secular a nivel global que guíe nuestras decisiones más elementales, como serían las relativas a los sistemas armamentísticos autónomos, que poseen la capacidad de matar sin necesidad de supervisión humana.[194] La distinción entre ética y religión es esencial, y tenemos que mantenerla cuando discutimos temas controvertidos como la edición del genoma humano o el aumento no biológico de los seres humanos. Sugiero que introduzcamos la religión lo menos posible en estos debates, porque las posturas religiosas son menos uniformes y ubicuas incluso que la ética y los valores más básicos y, a su vez, porque las religiones suelen estar repletas de una enorme cantidad de historia y experiencias pasadas.

Arthur C. Clarke subrayó esta distinción crítica en una entrevista de 1999:

> Ahora las personas asumen que la religión y la moralidad están necesariamente conectadas. Sin embargo, la base de la moralidad es realmente simple, y no requiere en lo absoluto de la religión.[195]

Creando un Consejo Global de Ética Digital: ¿cómo podríamos definir una ética acorde con la era exponencial?

Me gustaría abordar dos temas centrales: en primer lugar, que tratáramos de definir cuál podría ser un conjunto de normas éticas que se pudieran acordar a nivel global para una era digital exponencial; y, en segundo lugar, que tratáramos de definir qué deberíamos hacer para garantizar que el bienestar y los intereses humanos realmente ocuparan el primer lugar a nivel global, y que no fueran dominados por el pensamiento de las máquinas.

Debemos definir un conjunto de normas éticas digitales básicas, esto es, normas éticas acordes con la era digital: lo suficientemente abiertas como para no frenar el progreso o impedir la innovación, pero también lo suficientemente robustas como para proteger nuestra humanidad. Necesitamos una brújula, y no tanto un mapa, para avanzar hacia un futuro en el que seremos testigos de cómo formas de tecnología cada vez más potentes, en un primer momento empoderarán, luego aumentarán, y finalmente amenazarán cada vez más a la humanidad.

Con este fin, propongo que creemos un Consejo Global de Ética Digital (CGED), con la tarea de definir cuáles serían las reglas base y los valores más primordiales y universales que una sociedad tan radicalmente diferente y digitalizada debería tener.

En líneas generales, en este momento estamos de acuerdo en que ningún estado deshonesto debería tener capacidad nuclear, incluso si pudiera costearlo. Esta situación es verdaderamente compleja, pues está repleta de mentiras y engaños y se encuentra en constante cambio pero, aun así, prevalece un entendimiento esencial que se cumple, pues, de no hacerlo, los riesgos serían incalculables.

Así mismo, es momento de establecer tanto el monitoreo independiente como los límites de la extensión y del progreso de futuras IA, de la edición del genoma humano, y otras tecnologías exponenciales.

A fin de iniciar esta conversación, a continuación esbozo algunas sugerencias, a modo de espantapájaros. Sé que se trata de una tarea abrumadora, e incluso intentarlo ya parecería presuntuoso. Pero hay que comenzar, ¡aunque sea el primero al que quemen!

Para apoyar el CGED, también tendremos que proponer un manifiesto simple de ética digital, una suerte de tratado global sobre los derechos humanos exponenciales en un mundo cada vez más digitalizado. Dicho manifiesto, y sus tratados subsecuentes, podrían ser una especie de guía que responsabilice a las compañías que inventen, generen y vendan dichas tecnologías (al igual que sus gobiernos). Esto es realmente importante, porque las implicaciones de los cambios tecnológicos exponenciales en la existencia humana ya no pueden ser tratados como meras externalidades, como si se tratara de efectos secundarios que no incumbieran inmediatamente a sus causantes.

El CGED que visualizo debería incluir individuos bien informados y agudos de pensamiento, provenientes de la sociedad civil, del mundo académico, de los gobiernos, de los negocios y del ámbito tecnológico, así como pensadores independientes, escritores, artistas, y líderes de opinión. (¡Me gustaría formar parte de él!). Debería ser global desde su origen, y podría llegar a requerir del mismo nivel de poder, o incluso más, que el que hoy en día tienen los reporteros especiales de los derechos humanos de las Naciones Unidas —a saber, el derecho a monitorear, aconsejar y reportar públicamente todo tipo de problemas y violaciones—.[196]

Al igual que en el caso de la sostenibilidad, la ética suele ser un elemento secundario o accesorio en la lista de prioridades, y suele dejarse de lado cuando surge algo más urgente. Esta manera de proceder es deficiente y muy peligrosa para salvaguardar nuestro futuro. Conforme nos adentremos en una era en la que los desarrollos críticos ocurrirán gradualmente, y luego súbitamente, en cuanto las máquinas pensantes se impongan irremediablemente, ya no tendremos la oportunidad de entrar en consideraciones éticas. "Aguardar y ver qué pasa" simplemente implicaría la abdicación humana.

Un nuevo cálculo moral

Debemos dedicar tanto tiempo y recursos a la ética digital como los que destinamos a las tecnologías exponenciales. Examinar las consecuencias indeseadas de las tecnologías exponenciales y prevenir daños para la humanidad —yendo mucho más allá de los riesgos existenciales— demanda de nosotros tanto apoyo como el que estamos brindando a las ciencias que actualmente lideran los cambios. El factor humano exige tanta financiación y promoción como la ciencia —no puede haber STEM (ciencia, tecnología, ingeniería y matemáticas) sin un CORE (creatividad, originalidad, reciprocidad y empatía)—.

En su libro del 2015, *Machines of Loving Grace* (*Máquinas de amorosa gracia*), el reportero del *New York Times*, John Markoff, resalta la necesidad de este nuevo cálculo moral:

Los optimistas esperan que los posibles abusos de nuestros sistemas computacionales sean minimizados, si la aplicación de la inteligencia artificial, de la ingeniería genética y de la robótica permanece centrada en los seres humanos, y no en los algoritmos. No obstante, las industrias tecnológicas no cuentan con un historial precisamente bueno en lo que respecta a su agudeza moral. Sería realmente extraordinario si una compañía de Silicon Valley rechazara una tecnología rentable por razones éticas. Hoy en día, gran parte de las decisiones sobre la implementación de la tecnología se toman con base en la rentabilidad y la eficiencia. Lo que necesitamos es un nuevo cálculo moral.[197]

Cinco nuevos derechos humanos para la era digital

A continuación presento cinco derechos humanos nucleares que humildemente sugiero, y que podrían formar parte de un futuro Manifiesto de Ética Digital:

1. **El derecho a seguir siendo naturales, esto es, biológicos**
— Debemos tener la posibilidad de existir sin necesidad de estar aumentados. Hemos de conservar nuestro derecho a tener un empleo, a utilizar los servicios públicos, a comprar cosas, y a funcionar en la sociedad sin que sea necesario utilizar la tecnología, ya sea fuera o dentro de nuestros cuerpos. El miedo a perder nuestro trabajo por no estar cableados (#WiredOrFired) ya es una cuestión real (aunque se la considera más bien inocua) en lo que respecta a los dispositivos móviles y a las redes sociales. No obstante, uno puede imaginarse fácilmente un futuro en el que todos tuviéramos que emplear forzosamente gafas, visores o cascos de realidad aumentada (RA) y de realidad virtual (RV) con tal de conseguir un trabajo y, aun peor, podría ser que se nos exigiera el implante de algunas aplicaciones en nuestro *wetware* como condición necesaria de nuestro empleo. El hecho de ser simples seres humanos ya no sería suficiente —y éste no es un futuro deseable—.

2. **El derecho a ser ineficientes si esto define, o cuando defina, nuestra humanidad básica** — Debemos contar con la posibilidad de ser más lentos que la tecnología. No deberíamos poner la eficiencia por encima de la humanidad. Dentro de poco, podrían ser muchísimo más eficientes y baratos los diagnósticos de salud digitales, a través de plataformas como Scanadu, a comparación de ir a ver al doctor cada vez que me surgiera una cuestión médica. Considero que estas tecnologías son en general positivas, y podrían ser una clave para disminuir los costos de la atención sanitaria. Sin embargo, ¿significa esto que debamos penalizar a quienes deseen hacerlo de otra manera, u obligar a aquellas personas que no quieran que sus datos de salud estén en la nube?

3. **El derecho a desconectarnos** — Debemos conservar nuestro derecho a apagar nuestra conectividad, a "ser invisibles" en la red, a poder pausar las comunicaciones, el

rastreo y el monitoreo. Sería de esperar en el futuro cercano que muchos empleadores y compañías hicieran de la híperconectividad un requisito predeterminado. Como empleado o conductor asegurado, se les podría imputar una desconexión no autorizada si ustedes o su automóvil ya no fueran rastreables en la red.

La posibilidad de ser independientes y estar técnicamente desconectados cuando queramos, constituye un derecho de importancia fundamental, pues desconectarnos nos permite volver a enfocarnos en nuestro medio inmediato y situarnos en el momento presente. Esta práctica también reduce el riesgo de la obesidad digital (véase el capítulo 7) y disminuye el alcance de la vigilancia involuntaria. Aunque la posibilidad de permanecer desconectados podría convertirse en un nuevo lujo, a mi modo de ver, debería ser un derecho básico.

4. **El derecho a ser anónimos** — En el mundo híperconectado que se avecina, deberíamos tener la opción de no ser identificados y rastreados, como cuando utilizamos una aplicación digital o una plataforma, o cuando comentamos o criticamos algo, siempre y cuando sea algo inofensivo para los demás y no transgreda a otros. Es verdad que hay ocasiones obvias en las que el anonimato sería realmente imposible y poco esperable, por ejemplo, en el caso de las transacciones de banca digitales. No obstante, deberíamos asegurar la prevalencia de espacios protegidos en los que este rastreo no fuera necesario ni tampoco la norma, como al momento de expresar nuestras opiniones políticas, cuando compartimos imágenes personales, o cuando recibimos asesoramiento médico. El anonimato, el misterio, la casualidad y los errores, son todos atributos humanos cruciales que no deberíamos eliminar a través de medios tecnológicos.

5. **El derecho a emplear o involucrar a personas en lugar de máquinas** — No deberíamos permitir que las compañías

o los empleados estuvieran en desventaja si prefirieran contratar personas en lugar de máquinas, incluso si esto fuera más caro y menos eficiente. En cambio, deberíamos conceder créditos fiscales a quienes lo hicieran, y considerar la asignación de impuestos por automatización para aquellas compañías que redujeran dramáticamente el número de sus empleados con tal de sustituirlos por máquinas y software. Dichos impuestos deberían usarse a favor del entrenamiento de quienes hayan sido víctimas del desempleo tecnológico.

Es importante resaltar que muchos de estos derechos tocan una cuestión importante, que se encuentra al centro de este debate: ¿Cuánta libertad estamos dispuestos a sacrificar con tal de ser más eficientes, o bien, para sentirnos más seguros? También debemos preguntarnos cuál debería ser la ética de la seguridad, y cómo trataría la tecnología este tema crucial.

15 osadas prescripciones de lo que no deberíamos hacer

Para apoyar el desarrollo e incorporación de una ética digital globalmente consistente, presento ahora algunos ejemplos específicos de obstáculos tecnológicos que deberíamos evitar, si deseamos que la humanidad prevalezca.

Soy perfectamente consciente de que, al presentar estos elementos de reflexión para incitar el debate, algunas de las prescripciones sugeridas podrían ser demasiado simples, idealistas, imprácticas, utópicas, incompletas y controvertidas. Por lo tanto, lo que humildemente presento a continuación sólo tiene la intención de fomentar la discusión.

1. No deberíamos exigir, ni planear, que lo seres humanos se transformaran ellos mismos gradualmente en tecnología, por el simple hecho de satisfacer a la tecnología o a las compañías tecnológicas, y/o para estimular el crecimiento.

2. No deberíamos permitir que los seres humanos fueran gobernados o dirigidos esencialmente por tecnologías como la IA, el IoT o la robótica.
3. No deberíamos alterar la naturaleza humana, programando o manufacturando nuevas creaturas con la ayuda de la tecnología.
4. No deberíamos aumentar a los seres humanos, con la finalidad de que obtuvieran capacidades más allá de lo natural, eliminando en el proceso la clara distinción entre el hombre y las máquinas.
5. No deberíamos empoderar a las máquinas para que se potenciaran a sí mismas, al grado de eludir el control humano.
6. No deberíamos reemplazar la confianza que depositamos en nuestras comunicaciones y en nuestras relaciones, por el mero hecho de que la tecnología haga posible un rastreo universal.
7. No deberíamos planear, justificar, o desear, una vigilancia absoluta por la necesidad percibida de una seguridad total.
8. No deberíamos permitir que los bots, las máquinas y las plataformas, o cualquier otra forma de tecnología inteligente, se apropien de las funciones democráticas de nuestra sociedad, cuando los propios humanos pueden hacerse cargo de ello.
9. No deberíamos disminuir o reemplazar la cultura humana en la vida real con simulaciones algorítmicas, aumentadas o virtuales.
10. No deberíamos minimizar los defectos humanos sólo para estar más a tono con la tecnología.
11. No deberíamos abolir el error, el misterio, los accidentes y el azar, utilizando la tecnología para predecirlos o prevenirlos y, a su vez, tampoco deberíamos hacer que todo fuera explícito por el mero hecho de que la tecnología nos permitiera hacerlo.

12. No deberíamos crear, diseñar o distribuir ninguna tecnología con el principal propósito de generar adicción por ella.
13. No deberíamos permitir que los robots tomaran decisiones morales, ni equiparlos de tal modo que pudieran cuestionar nuestras decisiones.
14. No deberíamos demandar, ni estipular, que los seres humanos también tuvieran una naturaleza exponencial.
15. No deberíamos confundir un algoritmo conciso como si se tratara de una imagen fidedigna de la realidad humana ("el software está engañando al mundo"), ni tampoco deberíamos conferir un poder injustificado a la tecnología por el hecho de que genere beneficios económicos.

En cuanto al hecho de que todo se esté volviendo explícito, las redes sociales nos están dando una buena lección: las cosas que no solían decirse —sino sólo entre líneas— se han convertido en el foco de atención, siendo que ahora se anuncian con gran claridad y son amplificadas por el pensamiento grupal. En el pasado, el hecho de que apoyara a cierto grupo de derechos civiles, una organización política, o una causa social, podía ser explícita, pero esta información no estaba ampliamente disponible para todos. Hoy en día, en cambio, todo está interconectado, cada uno de mis comentarios puede ser visto, examinado y agregado instantáneamente por cualquiera.

No debemos buscar la eficiencia por encima de la humanidad

Rápidamente, las tecnologías exponenciales están haciendo que todo a nuestro alrededor se torne cada vez más eficiente. Como resultado, todo se está convirtiendo en un servicio, todo está ahora disponible en la nube, y todo ahora es inteligente. Incluso los equipos más "tontos" ahora tendrán sensores integrados, con lo que contribuirán al tsunami global de datos que, junto con la IA, podrían contener la solución a prácticamente cualquier problema.[198]

Imaginemos cómo sería un mundo así en el 2030. Cuando literalmente todo esté siendo monitoreado y medido, cuando todo sea híper-eficiente, ¿qué ocurrirá entonces con todas aquellas cosas que no pueden ser cuantificadas con tanta facilidad? ¿Qué será de las emociones, las sorpresas, la vacilación, la incertidumbre, la contemplación, el misterio, los errores, los accidentes, el azar, y otros rasgos característicamente humanos? ¿Serían acaso indeseables porque los algoritmos y las máquinas serían perfectas, porque estarían programadas para no cometer errores, para trabajar las 24 horas del día, los 7 días de la semana, los 365 días del año, sin necesitar sindicatos, y porque en general harían lo que se les pidiera? (Bueno, al menos las máquinas no pensantes lo harían…).

Este creciente progreso tecnológico, ¿implicaría que los seres humanos que exhibieran demasiados rasgos ilegibles para las máquinas serían considerados una pérdida de tiempo o, aun peor, que se les trataría como arena que obstaculiza los engranajes de la gran eficiencia?

¿Iremos adaptando y cambiando progresivamente nuestra conducta, con tal de parecer más eficientes, o al menos pretender que lo somos? Esta idea de la eficiencia absoluta, ¿terminará acaso por establecerse como el gran ecualizador, obligándonos a un comportamiento más uniforme? Esta obsesión por la tecnología y su eficiencia y consistencia absolutas, ¿acabará por invalidar la aceptación tácita de la ineficiencia y las diferencias humanas? Todo esto me parece probable, aunque podría demorarse todavía en Europa, ¡e incluso más aquí, en Suiza!

Si la principal preocupación será el logro de la mayor eficiencia posible, entonces la explosión del desempeño de las máquinas en la era exponencial significaría que, con mucha probabilidad, y en muy poco tiempo, los seres humanos ya no estaríamos involucrados en absolutamente nada. El paso de cuatro a 128, o un salto semejante en la escala tecnológica durante la siguiente década, sugiere que muchas tareas podrían realizarse 32 veces más rápido que hoy en día. ¿Pueden imaginarse lo que ocurriría si las ventas minoristas, la banca y el transporte, fueran 32 veces más eficientes de lo que lo son ahora? ¿Serían también 32 veces más baratos? Y, de ser así, ¿qué significaría todo esto para nuestra economía?

Tendremos que ser muy cuidadosos si tomamos nuestras decisiones basándonos exclusivamente en la eficiencia, pues seguramente tendría un costo a nivel de los trabajos humanos, eliminaría la autoridad humana, o bien, empujaría a los seres humanos a que automatizaran, delegaran y, en definitiva, abdicaran sus tareas (véase el capítulo 4).

En muchos casos tendríamos que vivir con todas esas ineficiencias tan temibles, aceptando que simplemente forman parte de la vida humana, incluso si representan un obstáculo para la automatización. La alternativa sería imponer la eficiencia despiadadamente, desplazando a quienes no se sometieran: si quisiéramos ver a nuestro doctor en persona en lugar de utilizar un dispositivo de diagnóstico remoto, entonces tendríamos que pagar una sanción. Si quisiéramos que nuestro automóvil no fuera rastreado todo el tiempo, perderíamos la cobertura de nuestro seguro. Si nos negáramos a que se nos implantara un chip, no podríamos trabajar en ésta u otra compañía.

El sector médico nos ofrece algunos antecedentes útiles para los debates que están por venir. Hay algunas personas que han sostenido que las cesáreas son más eficientes que los partos naturales y, por ende, afirman que deberíamos eliminar por completo ese privilegio —lo que constituye un claro ejemplo en el que la eficiencia es puesta por encima de nuestra humanidad —.[199] Al observar el crecimiento exponencial de la tecnología, tengo una corazonada sobre el rumbo que todo esto podría tomar: la exogénesis —embarazos fuera del útero, bebés nacidos en el laboratorio—.

¿No sería acaso eficiente si pudiéramos monitorear nuestro automóvil, y cualquier otro medio de transporte, 100% del tiempo, registrando todos los parámetros de velocidad, dirección, aceleración, temperatura interior y calidad del aire exterior? La respuesta sería un rotundo sí. Pero, esta clase de monitoreo, ¿estaría acaso al servicio de un propósito humano valioso? En muchos sentidos la respuesta también sería afirmativa: si utilizáramos vehículos autónomos y analizáramos estos datos, también podríamos reducir significativamente la contaminación e impedir la mayoría de los accidentes. Sin embargo, este monitoreo constante también podría tener consecuencias negativas, pues se convertiría en la herramienta de vigilancia más perfecta jamás diseñada, lo que nos obligaría a comportarnos dócilmente todo el tiempo.

Hemos de preguntarnos con urgencia si realmente queremos reemplazar nuestra sensibilidad y capacidades humanas innatas por la promesa de obtener la funcionalidad perfecta de las máquinas, siendo que en el proceso iríamos eliminando poco a poco el propio significado de ser humanos. Si bien acabaríamos siendo súper-eficientes, también estaríamos despojándonos de toda noción de propósito.

¿Qué pasaría si sólo el 2% de los más ricos pudieran acceder a los nuevos tratamientos genéticos, que prometen un aumento enorme de la longevidad humana, mientras todos los demás fueran excluidos de esta posibilidad? ¿Seríamos testigos de todavía más agitación civil y de más terrorismo, debido a una mayor desigualdad, impulsada por las ganancias exponenciales de la tecnología? Sólo imaginemos lo que ocurriría si surgiera semejante "cura de ADN" contra el envejecimiento, pero sólo los millonarios pudieran costear este tratamiento para vivir hasta 150 años, mientras que el resto de las personas murieran en el rango normal. Me parece claro que nuestros paradigmas éticos actuales, bajo la presión del capitalismo tradicional y de las expectativas del mercado de valores, no dan respuesta a este tipo de dilemas.

Una vida más allá de los algoritmos

Pero, entonces, ¿qué podemos hacer ante la posibilidad de que la tecnología se apodere de lo que no debería? ¿Cómo podríamos protegernos a fin de no convertirnos en presas de la híper-eficiencia dirigida por los bots, y pasar a ser el alimento de una IA gigante que, a su vez, dictaría nuestras vidas y estipularía lo que podríamos o no hacer?

Debemos preguntarnos si hacemos algo porque resulta ineficiente para las máquinas o porque resulta positivo para los usuarios humanos y, a su vez, tenemos que hacernos esta pregunta con mucha más frecuencia. Hemos de formularnos esta pregunta cuando votemos a favor de nuevas leyes, cuando comencemos un negocio, o cuando demos nuestro dinero a las compañías tecnológicas. El voto ejercido a través de nuestras carteras es una herramienta poderosa, a la que los consumidores no han recurrido lo suficiente en lo que respecta a la ética digital. Irónicamente, en el caso de la tecnología, este derecho se volverá incluso más fácil de ejercer.

La pregunta ética y la cuestión en torno a nuestro sentido y propósito, deben prevalecer sobre las preguntas en torno a la factibilidad y el costo. Si seguimos avanzando, la principal pregunta en el ámbito tecnológico no será si es posible hacer esto o aquello, sino por qué, cuándo, dónde, y quién debería hacerlo.

Otro modo de responder sería simplemente negarse, rehusarse a participar con más frecuencia, rechazando la tecnología y los procesos, las aplicaciones y el software que claramente no estuvieran diseñados a favor de los seres humanos sino que, más bien, sólo amplificaran el poder de los algoritmos. Quizá debamos diseñar una estampa o etiqueta de advertencia para la salud, como hacemos hoy en día en el caso de las cajetillas de cigarrillos, indicándonos que cierto programa, aplicación o dispositivo "definitivamente no favorece la felicidad humana".

Aunque la eficiencia y una mayor rentabilidad representan metas provechosas y, a fin de cuentas, constituyen uno de los pilares del capitalismo, no deberíamos recurrir a la tecnología para fomentar una creencia de atajo/agujero de gusano, que pretendiera que la sola eficiencia fuera el objetivo humano más importante y valioso. Este modo de pensar como máquinas a la larga no nos sería útil.

Capítulo 11
Tierra 2030: ¿Cielo o infierno?

Si bien muchos de estos cambios radicales en el horizonte han de ser bienvenidos —como sería, por ejemplo, trabajar por algo que nos apasione en lugar de trabajar para ganar nuestro sustento— muchos de los privilegios más básicos que en cierto momento dimos por hecho —como serían la libertad de elección de consumo y la independencia para la libre elección de un estilo de vida— podrían pasar a ser meros ecos, vestigios o dominios exclusivos de individuos que gocen de muy altos ingresos. ¿Cielo o infierno?

Al momento de escribir esto en el 2016, nos encontramos en el punto en el que gran parte de lo que solía ser considerado ciencia ficción ya se está convirtiendo en hechos científicos.

Ya estamos experimentando la ciencia ficción y, en ocasiones, los efectos adversos derivados de las decisiones tomadas por las generaciones previas: traducciones de idiomas automatizadas, vehículos prácticamente autónomos, nanobots en nuestro torrente sanguíneo, inteligencia artificial (IA) que puede hacer guerras cibernéticas en nuestro nombre, y refrigeradores que hablan con nuestros dispositivos inteligentes —y que, por su parte, pueden enviar nuestros datos a nuestros doctores—.

Ahora avancemos hasta el 2030, y visualicemos futuros posibles en un mundo reconfigurado por los cambios tecnológicos exponenciales, e imaginemos también cómo podrían ser algunos escenarios *HellVen* (infierno-cielo) (#hellven). A continuación, presento una línea de tiempo que se extiende hasta el 2030, en la que incluyo una serie de posibles escenarios.

2020: híper-conectividad e híper-manipulación

Ahora que todo está siendo híper-conectado, los diez principales cerebros globales —antes conocidos como plataformas de Internet y compañías de medios— utilizan algoritmos para medir y determinar qué debería ver, cuándo y cómo.

En el 2016, una compañía amada por todos llamada Facebook, estaba utilizando algoritmos para generar nuevas coincidencias perfectas de acuerdo a mi perfil, asegurándose de que permaneciera el mayor tiempo posible usando su plataforma, impidiendo al mismo tiempo que me llegaran demasiados mensajes negativos o posturas contrarias a las mías.

Hoy en día, cuando seis mil millones de personas están "siempre conectados" en el planeta, cada uno de nosotros revisa todo el tiempo diferentes contenidos e información. Interactuamos con estas plataformas a través de realidad aumentada (RA), realidad virtual (RV) y pantallas holográficas, o bien, a través de nuestros asistentes digitales inteligentes (IDAs) y bots, aplicaciones anticuadas, y lo que solíamos llamar páginas web. En el 2020, las páginas web tradicionales están desapareciendo tan rápidamente como los vehículos que funcionaban con gasolina, porque las IAs en la nube están ahora haciendo todo esto por nosotros —y ya no necesitan de interfaces gráficas atractivas ni diseños interesantes—.

Los editores humanos también están abandonando sus trabajos, pues los *big data*, las nubes inteligentes y las IA, han demostrado ser mucho más eficientes y populares, y son prácticamente gratuitas. Además, no ponen ningún tipo de objeción —y, como consecuencia, los publicistas, las marcas y los partidos políticos pueden sacar mejor provecho de estos sistemas, haciendo un uso más eficiente de los presupuestos dedicados al marketing—.

Los algoritmos predictivos también están ayudando a prevenir el crimen. Las ciudades pueden identificar puntos de conflicto, gracias al uso de fuentes de datos de dominio público de la policía, del tráfico, de las obras públicas, de la beneficencia y de los departamentos de planeación. Esta información puede cruzarse con datos extraídos de otras fuentes, como las redes sociales, los emails, la actividad inalámbrica, y otras muchas más. La IA analiza los datos, descubre nuevas correlaciones, y sugiere qué medidas se pueden tomar para prevenir los crímenes, como un mayor patrullaje policíaco, la identificación de infractores frecuentes, o alertando sobre posibles perpetradores que están siendo vigilados.

En el 2020, el mundo estaría volviéndose híper-conectado, automatizado y extremadamente inteligente —y todos se beneficiarían de ello—.

2022: mi mejor amigo está en la nube

Hay una multitud de IDAs y de bots de software viviendo en la nube, haciéndose cargo de muchas tareas rutinarias.

- Ya no será necesario buscar cuáles son los mejores restaurantes y hoteles —nuestros bots de viajes ya lo habrán hecho por nosotros—.
- Ya no tendremos que informar a nuestro doctor sobre lo que nos pasa —nuestros bots de salud ya le habrán pasado un reporte o, más bien, a su bot—.
- Ya no habrá que buscar cómo ir de un lugar a otro —los bots de transporte ya lo habrán dispuesto todo por nosotros—.
- Ya no tendremos que buscar nada —nuestros bots nos conocen y saben sobre nuestros deseos, y son capaces de expresarlos infinitamente mejor que cualquier cosa que pudiéramos decir escribiendo preguntas en una computadora; literalmente, toda búsqueda ya habría sido

anticipada, y las respuestas estarían listas para nosotros cuando las necesitáramos—.

Mi ego digital en la nube es una verdadera copia de mí mismo, gracias a una combinación de herramientas rápidas, baratas y ultra-poderosas, incluyendo tecnologías móviles de la nube, personalizaciones, reconocimiento de voz y de imagen, registros de mi estado de ánimo, y análisis de mis sentimientos. Si bien todavía no posee un cuerpo, puede leer los datos de mi propio cuerpo, todo el tiempo. No posee sentimientos en sentido estricto, pero ciertamente puede identificar los míos. Esta copia digital de mí mismo ahora se llama HelloMe.

HelloMe me escucha, me observa, se sincroniza conmigo y me imita y, al menos en lo que respecta a los datos, me conoce mucho mejor de lo que cualquier ser humano podría hacerlo. Mi ego digital se mantiene conectado con otros bots e IAs que se han convertido en muy buenos compañeros. Si necesito información, recomendaciones o conversar, yo o mi IDA podemos pedírselo a la nube; si me siento solo, puedo llamar a HelloMe para que hable conmigo, tal y como hablaría con un amigo —pero sin toda la historia, los compromisos y la molestia de coordinarnos—. Los dispositivos móviles están integrados sobre mi cuerpo y dentro de él, utilizando revestimientos de RA/RV en mis lentes, visores o lentes de contacto y, dentro de muy poco, también podré disfrutar de implantes neuronales que me permitirán deshacerme por completo de cualquier interfaz externa.

Lo que la HelloBarbie fuera para los niños en 2015, HelloMe los es ahora para mí —una voz en el cielo inteligente, amistosa y ubicua, que realmente me comprende, y que facilita muchísimo mi vida—.

Con el paso del tiempo he establecido una relación con HelloMe, y ahora le considero un amigo entrañable. Me muero de ganas de que HelloMe pueda reproducir los egos de otra personas que ya no están presentes —por ejemplo, si han muerto o ya no están conectadas conmigo, como ha ocurrido con la persona a la que amaba—. HelloMe no tardará en ser capaz de comunicarse exactamente como esa persona —en cualquier momento, en cualquier lugar— haciendo que el tedioso proceso de generar y mantener relaciones que consumían tanto tiempo ahora sea cosa del pasado.

También hemos añadido los cuerpos robóticos a la ecuación. Las personas paralizadas ahora pueden controlar exoesqueletos para caminar nuevamente, y sus costos están disminuyendo muchísimo. Las interfaces cerebro-computadora (ICC) están siendo utilizadas para pilotar aeronaves y enormes buques de carga. El hecho de poder convertir nuestros pensamientos y la actividad cerebral en disparadores traducibles por las computadoras, está cambiando el modo en que interactuamos con las máquinas en todos los segmentos de los negocios y la cultura. Ahora tenemos más libertad para contemplar, crear, preguntarnos y reflexionar.

En lugar de tomar medicamentos para reducir los peores efectos de cierta condición, como altos niveles de colesterol, hipertensión o diabetes, ahora somos capaces de identificar sus causas con antelación. Hemos empezado a utilizar nanotecnología, IA y biología de la nube para abordar nuestros principales problemas de salud. También hemos identificado los genes que podrían controlar la aparición de ciertos tipos de cáncer. En cuanto sepamos cómo manipular estos genes de forma segura, podremos diseñar el modo de evitar estas enfermedades. ¿Cielo o infierno?

En el 2022 mi ego digital ha migrado a la nube y está desarrollando su propia vida.

2024: Digamos adiós a la privacidad y al anonimato

La tecnología se ha vuelto tan rápida, poderosa y extendida que ya nunca podemos evitar ser rastreados, observados, grabados y monitoreados. El Internet de las cosas (IoT) ha interconectado nuestros automóviles, nuestros hogares, nuestros electrodomésticos, nuestros parques y ciudades, lo que consumimos, nuestros medicamentos y drogas y, claro está, también nuestros *gadgets* y máquinas. El "Internet de todo" también conecta nuestras mentes a esta red. El que en su momento no fuera sino un concepto futurista de un segundo neocórtex —una conexión directa con un cerebro externo en la nube— poco a poco se está haciendo realidad. El ámbito más candente para las *startups*, es el desarrollo y provisión de servicios de complementación y respaldo para redes neuronales basadas en máquinas, que en cierto momento llegarán a estar conectadas directamente con nuestro propio neocórtex a través de ICCs.

Los dispositivos móviles ahora son controlados casi por completo por medio de voz y gestos. La mayoría de las computadoras ahora son invisibles —están siempre ahí, siempre observando, siempre escuchando, y siempre a nuestra disposición—.

La conectividad es universal: el 90% del mundo cuenta con conexión de muy alta velocidad y a muy bajo costo. Nada ni nadie está jamás sin conexión —a menos que podamos darnos el lujo de desconectarnos, o visitar uno de los mundos sin conexión, por ejemplo, los Alpes suizos, que se han convertido en un popular destino vacacional de "desintoxicación digital"—. Estar sin conexión es ahora el nuevo lujo, no hay duda de ello.

Si no estamos conectados, o si nos negamos a compartir nuestros datos personales, esto es ahora considerado como socialmente inaceptable, y se penaliza económicamente. Las sanciones incluyen disminuciones drásticas en el acceso a servicios esenciales como la navegación, el transporte y la movilidad, así como grandes recargos por servicios como los seguros y la atención sanitaria: a menos que des tus datos, no recibes el servicio. La privacidad propia de la época previa al Internet sólo puede ser adquirida por las personas extremadamente pudientes, pues sólo ellos pueden costear estos beneficios sin sufrir los efectos del panóptico, esto es, que todo lo que acontece pueda ser observado. Los sustitutos digitales —bots con cuerpo que representan a personas reales— están causando furor, pero son extremadamente caros, y su estatuto y legalidad con frecuencia no es del todo clara.

O estás conectado, o eres despedido. Como todo lo que nos rodea está conectado y está siendo rastreado y monitoreado, ya es forzoso que estemos completamente conectados mientras estamos trabajando. Y "trabajando" ya no significa estar en cierto escritorio en algún edificio. Muchas personas que han cuestionado este tipo de ambiente de trabajo ahora no tienen empleo, porque se han rezagado en su nivel de productividad —el cual, claro está, es supervisado por un bot—.

Esta enorme eficiencia es irresistible para los empleadores. La RA, los dispositivos virtuales y las aplicaciones, logran que ahora sea fácil analizar enormes cantidades de datos y medios audiovisuales. Existe toda una gama de herramientas que permiten experiencias de inmersión multi-sensorial, en tareas complejas que solían requerir docenas de personas y muchos días de trabajo. Es como si nuestro cerebro estuviera conectado a un segundo neocórtex en la nube, mismo que nos permite entrar a un espacio neuronal totalmente nuevo, y que trasciende nuestras antiguas limitaciones.

Ya no hay secretos. Todo lo que tenemos que hacer es hablarle a una máquina, en cualquier momento, en cualquier lugar, y nos encontrará las respuestas —casi gratuitamente, aunque cierta información sólo estará disponible a un alto costo—. Los negocios basados en la predicción y en la elaboración de perfiles están disparándose, al grado de que, en comparación con éstos, la explotación de datos del 2016 parece de la edad de piedra. La tecnología de escaneo facial es tan avanzada que puede leer miles de rostros en fracciones de segundo, archivar expresiones de emoción, y crear mapas faciales completos sobre lo que estamos sintiendo, en cualquier lugar, en todo momento.

Los cerebros globales, construidos por las 14 principales compañías y plataformas tecnológicas, están reuniendo los datos de seis mil millones de usuarios conectados todo el tiempo, en todo lugar. Formas de IA extremadamente potentes ensamblan nuestros perfiles, deducen quiénes somos, y lo que haremos a continuación. Ésta es una verdadera mina de oro para los servicios de seguridad, la policía y el gobierno, y confiere un impulso tremendo al marketing, a la publicidad, y a los negocios en general.

El dinero se ha vuelto completamente digital, eliminando así el último refugio del anonimato. El pago en efectivo es cosa del pasado y está prohibido. Cada menta, cada latte macchiato, cada boleto de autobús, cada whisky extra, son registrados en los libros (o, más bien, en la nube), quedando almacenados en algún lugar, siendo compartidos en algún lugar, levantando alertas en algún lugar, contribuyendo a aumentar el conocimiento que los cerebros globales tienen de nosotros. El dinero digital también ya hace imposible que recibamos dinero en efectivo —ya no más trabajos clandestinos, ya no más propinas libres de impuestos, ya no más mentiras piadosas sobre nuestros impuestos—.

Los bancos están perdiendo enormes cantidades de entradas, que solían tener gracias a cargos escandalosos por realizar transferencias de dinero, por tarifas de procesamiento, y por dar asesoramientos de inversión poco eficientes —pero ahora también pueden tener acceso a los negocios de los datos y a las plataformas—. Ahora hay mucho más que vender que sólo servicios financieros: los datos de los consumidores son ahora la nueva moneda de las instituciones financieras. Los datos ya no sólo son el nuevo petróleo —también son el nuevo dinero—.

El crimen y las guerras son principalmente digitales. Ahora que todo y todos están interconectados, y todo es una fuente de datos en tiempo real, nos hemos vuelto completamente dependientes de la conectividad. Todo lo que atente contra ella es considerado una agresión contra "el sistema". Los ataques a la infraestructura tecnológica, el acceso no autorizado a nuestros datos, y la manipulación de la información, se han convertido en una amenaza constante, y más del 50% del presupuesto militar de cada nación está siendo utilizado para evitar las brechas de seguridad, los crímenes cibernéticos, y las guerras digitales de todo tipo. El campo de batalla ahora es digital, y las IAs son los nuevos soldados.

En muy breve, el propio hecho de pensar dejará de ser un acto privado. Los ICCs y los implantes, tan baratos y fáciles de usar, están empezando a aparecer por todos lados, permitiendo cierta comunicación directa hacia, y desde, nuestros cerebros, extendiendo así nuestro neocórtex hacia la nube. Cada pensamiento causa reacciones físicas en nuestros cerebros y en nuestros cuerpos, que dentro de poco podrán ser registradas y al menos usadas parcialmente para nuestra salud, entretenimiento y seguridad personales.

En el 2024 permanecemos constantemente conectados a las máquinas, y éstas están volviéndose cada vez mejores para leer nuestras mentes.

2026: la automatización de todo y la renta básica universal

Ya no existen las tareas rutinarias —ya sean el trabajo de obreros, el trabajo de cuello blanco, las labores manuales o cognitivas— que sean realizadas por los seres humanos. Las máquinas han aprendido a comprender el lenguaje, las imágenes, las emociones y las creencias. Las máquinas también hablan, escriben, dibujan y simulan las emociones humanas. Si bien las máquinas no pueden ser nosotros mismos, sí pueden pensar. Cientos de millones de trabajos están siendo delegados a las máquinas en los centros de llamadas, así como en los servicios de mantenimiento, de contabilidad, los servicios legales, las ventas minoristas, la manufactura, y los servicios financieros. La investigación y el desarrollo ahora también están a cargo de las máquinas. Ya hace unos diez años atrás, fuimos testigos de los primeros ejemplos de IA realizando la labor de los científicos. En el 2020, ya habían empezado a superar a los científicos humanos respecto a la velocidad con que hacían descubrimientos científicos. Los robots ahora digieren rutinariamente miles de millones de fuentes de información y generan experimentos en la nube, dando por resultado abordajes completamente nuevos a retos científicos fundamentales.

Los trabajos realizados exclusivamente por humanos se están volviendo cada vez más raros pero, en general, todo lo que no pueda ser digitalizado, automatizado, virtualizado o robotizado, está empezando a ser más valioso con el paso del tiempo. Poner a trabajar a las máquinas junto a las personas se está convirtiendo en el nuevo paradigma —en la mayoría de las situaciones, la mayor parte de las máquinas que trabajan junto a un ser humano siguen superando a las máquinas que trabajan sin su apoyo—.

Los ingresos han comenzado a desligarse del trabajo, y la remuneración se está separando del número de horas trabajadas. El modelo dominante de remuneración que está surgiendo es aquél basado en resultados, consecuencias y desempeño. El nuevo parámetro es finalmente trabajar menos tiempo (lo que, para muchos, ciertamente es el cielo).

Los costos de la mayoría de los bienes y servicios como el transporte, la vivienda, los medios y la comunicación, se están desplomando dramáticamente, porque las máquinas se están encargando de lo más pesado, logrando así que la mayoría de los productos y servicios sean mucho más baratos. Lo único que se está volviendo cada vez más caro es optar por no ser rastreado y monitoreado todo el tiempo.

La lógica económica de vivir para ganar el propio sustento se está evaporando; en cambio, estamos empezando a trabajar por un propósito. Una renta básica universal (RBU) ya está en pie en 12 países, incluyendo a Suiza y a Finlandia, y es ampliamente esperado que se convierta en el estándar global en las siguientes dos décadas, dando paso a una nueva era post-capitalista.

Ahora que las máquinas han absorbido todo el trabajo duro, un mayor número de personas están haciendo lo que desean en lugar de tener que pagar sus cuentas. La RBU se ha convertido en un factor clave para la felicidad social, y ha detonado una nueva explosión en las artes y en los oficios, en las iniciativas emprendedoras, y en el intelectualismo público.

En el 2026, la automatización se ha esparcido ampliamente, los trabajos están en declive, y las normas sociales están siendo reescritas.

2028: el libre albedrío es sólo para los ricos

Dado que todo lo que decimos, hacemos y vemos, y cada vez más también lo que sentimos y pensamos, puede ser rastreado y cuantificado, estamos siendo testigos de que la importancia del libre albedrío ha disminuido, es decir, aquella capacidad ancestral que teníamos para tomar nuestras propias decisiones sin experimentar presiones externas que nos sometieran. Ya no podemos desviarnos tan fácilmente de lo que el sistema considera que es lo mejor para nosotros, porque todo está siendo observado. Esto hace que nuestras vidas se hayan vuelto más sanas y más responsables, disminuyendo los costos de la atención médica, y ha logrado que la seguridad sea prácticamente perfecta. Sin embargo, muchos de nosotros no estamos del todo seguros de si nos encontramos en el cielo o en el infierno.

Ya no podemos controlar nuestra dieta, porque es bien sabido cómo en el pasado la obesidad y el consumo desmedido han generado grandes problemas para los sistemas de salud pública en todo el mundo. El azúcar, el tabaco, el alcohol y la cafeínas son ahora substancias estrictamente controladas. Todos debemos someternos a procedimientos rutinarios de monitoreo, tanto en lo que ingerimos (comida) como en lo que excretamos (desechos humanos).

Ya hace mucho que las impresoras 3D se volvieron tan baratas como las impresoras de tinta, siendo ahora lo más caro la tinta y los ingredientes que alimentan a la impresora. Las impresoras de comida emplean componentes orgánicos y sanos para imprimir pizzas, pasteles, pan y postres bajo demanda, así como toda una variedad de artículos utilizando componentes artificiales. La comida es ahora tan abundante como la información, la música y los videos.

Sin embargo, nuestra lista de compras está determinada de acuerdo a lo que se nos permite consumir que, a su vez, está determinado por nuestras fuentes de datos en la nube sanitaria. Los refrigeradores no permitirán acceder a sus compartimentos de comida hasta cierta hora predeterminada, y los restaurantes no nos servirán nada que no sea permitido por nuestro IDA.

A fin de cuentas, esto es lo mejor para todos: las personas son más sanas, los gobiernos están ahorrando dinero, y las compañías de bienes de consumo tan cambiantes ahora tienen un modo directo de vender productos 100% personalizados, para todos y cada uno de sus clientes.

Claro está, todo esto es así a menos que tengamos cantidades ingentes de recursos para trucar el sistema, o bien, si podemos comprar o crear identidades digitales falsas, si podemos acceder a una de las impresoras de comida 3D excesivamente caras, o si podemos conseguir comida en el mercado negro de Milk Road — un sucesor del mercado negro de Silk Road en el siglo XXI—.

Pero, como ahora sabemos, ¡el libre albedrío siempre estuvo sobrevalorado!

En el 2028, nuestras vidas están siendo rastreadas, guiadas y filtradas; el libre albedrío y las elecciones libres son un lujo exclusivo de personas extremadamente ricas.

2030: los 90 son ahora los nuevos 60

Para el 2030, la tecnología y el sector farmacéutico han confluido casi por completo. Las principales enfermedades de los seres humanos, incluyendo el cáncer, la diabetes, los padecimientos del corazón y el SIDA, están siendo resueltas gracias a bioingeniería avanzada. Hoy en día es muy raro que tomemos pastillas para tratar las enfermedades y malestares; en cambio, cada vez es más común que recurramos a tecnología y a edición genética para observar, predecir y prevenir la aparición de enfermedades.

Dado que hemos analizado el ADN de miles de millones de seres humanos, conectados a través de la biología de la nube y la computación cuántica, ahora podemos determinar con un alto grado de certeza exactamente qué gen es responsable de distintas enfermedades. Dentro de otros cinco años aproximadamente, también seremos capaces de prevenir el cáncer.

La longevidad también ha aumentado, lo que se ha traducido en un cambio radical de nuestros sistemas sociales. Dado que la mayoría de nosotros podemos vivir muy sanos hasta los 90 años, y dado que los robots y el software están realizando la mayor parte del trabajo duro en lugar de nosotros, podemos dedicarnos a ayudar a las siguientes generaciones a comprender el pasado y a descubrir el futuro. Como la RBU ha sido instituida ahora en muchas ciudades y naciones, ya no tenemos que preocuparnos por nuestro retiro o de ganarnos la vida, como hicieran nuestros padres y nuestras madres.

En el 2030, la sociedad tendrá ciudadanos más viejos, más sanos, estarán libres del trabajo, y estarán persiguiendo su propósito.

HellVen — ¿una vía inevitable?

¿Hay algo que nos disguste de este futuro? Estos escenarios son plausibles y, en cierta medida, un poco más conservadores si los comparamos con las visiones y las aspiraciones de los tecno-progresistas. La tecnología habrá ganado la batalla con la humanidad, una batalla que ni siquiera parecería una batalla. ¿Qué necesidad tendríamos de valores humanos anticuados, o de la casualidad, si las desventajas y los riesgos de vivir son erradicados a una velocidad vertiginosa?

Si la humanidad finalmente tiene su propio futuro bajo control, ¿quién querría soñar con un futuro diferente?

Capítulo 12
Hora de decidir

Ha llegado la hora de escoger su equipo.

Este libro fue inspirado por el trabajo de muchas personas que han expresado inquietudes similares, y sólo espero que ayude a generar un debate global sobre el propósito y la ética de la tecnología —así como la ética de aquellos que la producen y la proveen—.

Los seres humanos y la tecnología cada vez se traslapan más, intersectándose entre sí, e incluso convergiendo —qué palabras elijan dependerá en gran medida de qué piensen al respecto—. En todo caso, como ya se dijo desde el propio comienzo de este libro, hay algo que es seguro: la humanidad cambiará más durante los próximos 20 años que durante los últimos 300 años.

La futura confluencia hombre-máquina posibilitará enormes conquistas para la humanidad y, a su vez, estará acompañada de grandes amenazas. Debemos convertirnos ahora en mucho mejores administradores de nuestras invenciones y sus consecuencias, si lo que deseamos es nuestra prosperidad.

En efecto, el progreso tecnológico parece imparable, porque en nuestra naturaleza humana está inscrita la tendencia a inventar, a probar y a usar nuestra *techne* (nuestras herramientas). No obstante, finalmente hemos alcanzado un punto en el que las políticas y estándares humano-céntricos, la ética digital, los contratos sociales y los acuerdos globales en torno a la humanización de estas tecnologías exponenciales, serán tan relevantes como los tratados en contra de la proliferación nuclear.

En un futuro muy cercano, ya no será una cuestión de si la tecnología puede o no realizar algo (pues la respuesta casi invariablemente será que sí), sino si deberíamos hacer o no algo, y por qué.

El riesgo latente es que, si no dedicamos la misma cantidad de tiempo y recursos a los androritmos (aquellas cualidades que nos hacen humanos) que los destinados a los algoritmos, la tecnología no sólo acabará dirigiendo nuestras vidas, sino que también seremos obligados, engañados o engatusados, para convertirnos nosotros mismos en tecnología. Nos convertiríamos en "las herramientas de nuestras propias herramientas".

Noten que cuando digo que la "tecnología acabará dirigiendo nuestras vidas", no lo digo en el sentido de que los robots se transformen en nuestros jefes supremos, como en la película *Terminator Génesis*.[200] Más bien, lo que me preocupa es que dentro de poco nos volvamos absolutamente inútiles sin la tecnología —lentos, incompletos, ineptos, carentes de habilidades, perezosos y obesos—.

Imaginemos lo que ocurriría si continuáramos fragmentándonos hasta erosionar cualidades humanas básicas como la privacidad, el misterio, el anonimato, las emociones, la espontaneidad, la sorpresa, la intuición, la imaginación, y la espiritualidad —con tal de mantener el ritmo de las máquinas—.

Si no queremos nosotros mismos convertirnos en máquinas, si no queremos quedar absorbidos cada vez más dentro de la poderosa vorágine creada por los mega-cambios, si queremos seguir siendo "naturalmente humanos" a pesar de la fuerte atracción que ejercen estas tecnologías mágicas, si queremos salvaguardar lo que verdaderamente nos hace felices y no sólo lo que nos permita funcionar, entonces ha llegado el momento de entrar en acción mientras todavía nos queda cierta libertad de maniobra. Ese momento es ahora.

En primer lugar, debemos preguntarnos "por qué", y luego "quién" y "dónde", en lugar de sólo preguntarnos "si algo es posible, y cómo". Tenemos que hacernos preguntas sobre nuestro propósito, y no sólo centrarnos en las ganancias. Hemos de cuestionar cada vez más a los líderes de las industrias y, especialmente, a los tecnólogos y a las compañías que los contratan. Hemos de obligarles a tomar una postura más holista, a que consideren las implicaciones buenas y no tan buenas que se derivan de lo que están proponiendo. También hemos de pedirles que reconozcan y traten esas consecuencias indeseadas, y que tomen en consideración, tanto en sus planes de negocios como en sus modelos de ingresos, posibles externalidades derivadas de lo que están creando.

Debemos de responsabilizar a los creadores y a los financiadores del mañana —y, claro está, también hemos de responsabilizarnos nosotros, como usuarios y consumidores— en todo momento. Tenemos que evitar que las compañías que no se preocupan de estas cosas sigan manteniendo una relación con los clientes, y también debemos dejar de ser el contenido de aquellas plataformas cuya intención es automatizarnos. Hemos de dejar de ser contribuyentes silenciosos del pensamiento de las máquinas, aunque nos resulte incómodo.

Si no queremos experimentar lo que llamo el "lamento de Oppenheimer" —a partir del físico J. Robert Oppenheimer, famoso por sus inventos, que hicieron de la bomba atómica una realidad, y que posteriormente se arrepintió de sus acciones y por sus consecuencias— tenemos que comprometernos y formar parte del "Equipo Humano", poniendo por encima de todo a la humanidad.

Por lo tanto, propongo que intentemos definir algunas reglas básicas para esta era por venir, la era de las máquinas, a fin de determinar qué tecnologías, de ser aplicadas, tendrían mayores probabilidades de fomentar la prosperidad humana y, consiguientemente, deberían ser impulsadas, distinguiéndolas de aquellas tecnologías que no debieran serlo. A su vez, debemos hacernos preguntas del tipo "cuándo, por qué y quién" con mayor frecuencia, y también tenemos que reflexionar sobre quién debería realmente velar por el cumplimiento de dichas leyes.

Se trata de una tarea realmente gigantesca, es verdad, plagada de incertidumbre sobre si podremos acordar incluso las reglas más básicas para la humanidad. Sin embargo, si lo que deseamos es dominar los choques inminentes entre los seres humanos y las máquinas, descritos en este libro, requeriremos de una nueva forma de gestión global, respaldada por visiones de futuro más previsoras. Necesitaremos una serie de reglas básicas determinantes, pero al mismo tiempo lo suficientemente flexibles, como para no inhibir el progreso. ¿Abrumador? Sí. ¿Imposible? No. ¿Alguna alternativa? Ninguna.

Nueve principios a modo de sugerencia

Con la finalidad de estimular el debate de la mejor forma posible, he generado nueve principios que a continuación presento. Dichos principios captan la esencia de los argumentos clave que he presentado a lo largo de las páginas de este libro, aunque siguen siendo un trabajo en progreso, y están aún muy lejos de ser completos y concluyentes.

1. **Debemos volvernos mucho mejores para comprender lo exponencial, así como lo que esto significa para el futuro de la humanidad.** Hemos de aprender a imaginar, y luego a vivir, con los cambios exponenciales y combinatorios. En el futuro inmediato, una actitud de "aguardar y ver qué pasa" sería tan contraproducente como una de "sólo hagámoslo". En efecto, "gradualmente, luego súbitamente" se ha convertido en el nuevo parámetro de lo normal, y no deberíamos desperdiciar nuestro avance hacia el futuro cuando todavía contamos con tanta pista por delante de nosotros. También hemos de recordar que nuestro futuro es algo que constantemente definimos y moldeamos, y no algo que simplemente nos acontece.

Para lograr esto, debemos mantenernos curiosos y abiertos, así como sumergirnos en escenarios futuros, descubriendo cómo sería vivir realmente en dicho futuro, conectándonos con personas que lo hacen posible, e incrementando nuestra consciencia general en torno al espíritu de la época que nos rodea. ¡Demos menos cosas por sentado, descubramos más, y descartemos todos esos supuestos tóxicos que funcionaron tan bien en el pasado! Acojamos el progreso dramático de la ciencia, pero siempre desde el contexto del propósito general de la humanidad. La tecnología puede ser el cielo o el infierno, o ambos (#hellven), así que seamos proactivos y precavidos, dependiendo de cuánto esté en juego, dónde y cuándo.

2. **Nuestros desafíos más importantes suelen ser también nuestras oportunidades más increíbles (y viceversa).** El futuro en gran medida girará en torno a ese cuidadoso balance entre el uso mágico y maníaco (pero, esperemos, no tóxico) que demos a la tecnología. Como William Gibson sugiere, dado que la tecnología es moralmente neutra hasta que la aplicamos,[201] lograr este equilibrio será más una cuestión de orquestar las aplicaciones y materializaciones de la tecnología que impedir, e incluso regular, la invención como tal. El futuro no es una suerte de sí o no, sino que "depende". Estoy seguro de que si nos hiciéramos más frecuentemente las preguntas "¿por qué?" y "¿con qué propósito?", veríamos surgir este abordaje equilibrado.

3. **Hemos de convertirnos en mucho mejores administradores de la humanidad.** Cada uno de los líderes de negocios, así como cada pionero tecnológico y cada funcionario público, deben aceptar y actuar en consonancia con su responsabilidad de determinar el futuro de la humanidad. Tanto los líderes de la ciudadanía como los líderes políticos, deben generar una comprensión profunda y una perspectiva

personal sobre la tecnología en el contexto de la humanidad, convirtiéndose así en administradores de nuestro futuro colectivo. Será necesario un nuevo tipo de híper-colaboración, en todos los sectores de todas las industrias, en lugar de una híper-competición, ya que tendremos que pensar holísticamente a través de todos esos dominios tradicionalmente separados.

4. **La tecnología no tiene ética y, no obstante, una sociedad sin ética está condenada.** Estamos entrando en un mundo en el que literalmente todo lo que nos rodea está siendo impactado por un tsunami de avances tecnológicos y, no obstante, el modo en que contextualizamos el mundo, la forma en que evaluamos lo que es bueno y lo que no lo es, así como la manera en que decidimos si entraremos en contacto con cierta tecnología y si la usaremos, siguen basándose en nuestra experiencia pasada, en antiguos marcos de referencia y, lo peor de todo, en una forma lineal de pensamiento.

Nuestra ética —así como muchas de nuestras leyes y regulaciones— todavía se basan en un mundo cuyo avance es lineal y que "solía funcionar" antes de llegar al punto de inflexión de la curva exponencial. Desde que el Internet se convirtió en una fuerza comercial importante, parecería que nos hemos enfocado principalmente a explotar sus promesas económicas y comerciales. Hemos usado muy poco tiempo en considerar su impacto en nuestros valores y en nuestra ética —lo que finalmente se está volviendo obvio, conforme nos adentramos en la era de la inteligencia artificial (IA), de la robótica, y de la edición del genoma humano—.

En tiempos recientes, ha habido una creciente discusión en torno al concepto de construir máquinas pensantes que podrían simular la ética humana. Aunque se trate de un giro interesante, me parece que no deja de ser otro paso hacia una era de las máquinas completamente simulada, así como otra buena razón para establecer un Consejo Global de Ética Digital. Conforme nos vamos aproximando a la singularidad tecnológica —ese punto en el que las computadoras alcancen, o rebasen, la capacidad y el potencial del cerebro humano, y estén conectadas a una red global gigantesca—, tenemos la urgente tarea de establecer un claro contexto ético bajo el acuerdo de la mayoría. No se trata de una tarea fácil pero, aun así, es crucial que lo hagamos.

5. **Cuidado: las tecnologías exponenciales suelen mutar rápidamente de mágicas a maníacas a tóxicas; lograr el equilibrio es esencial.** Si piensan que la adicción al Internet, a los juegos, a los teléfonos inteligentes, o a las trampas de placer de las redes sociales ya son un gran problema, ¡todavía queda mucha historia por delante! Veamos qué ocurre cuando ya podamos sumergirnos por completo en la tecnología, cuando la tecnología pueda realmente entrar en nosotros gracias a la realidad aumentada y a la realidad virtual, así como a través de interfaces cerebro-computadora, de implantes, e interfaces neuronales. El cielo sería literalmente nuestro límite en términos de lo que el progreso exponencial podría hacer realidad. Consecuentemente, tenemos que aprender cómo usar la tecnología de una forma holística, respetando mucho más los modos y necesidades humanos. También hemos de responsabilizar a aquellos que inventan, comercializan y proveen estas nuevas y atractivas soluciones tecnológicas, y los nuevos ecosistemas que están fomentando, dirigiéndonos a ellos para ofrecerles formas efectivas con las cuales evitar o limitar consecuencias indeseadas. Los proveedores de tecnología deberían empezar a incluir posibles externalidades en sus modelos de negocio, al igual que apoyar la formación de nuevos contratos sociales que

puedan tratar sus efectos tóxicos.

6. **Debemos enseñar tanto habilidades STEM como habilidades CORE (compasión, originalidad, reciprocidad y empatía).** Tanto la tecnología como los temas humanos deberían formar parte de nuestro programa educativo: en efecto, la ciencia y la filosofía pertenecen al mismo salón de clases. Una sociedad equilibrada requeriría pericia en ambos dominios; de lo contrario, seguiremos inclinando el campo de juego a favor del pensamiento de las máquinas.

Así mismo, habrá una cantidad creciente de trabajos científicos en torno a la IA y las máquinas inteligentes; por lo tanto, hemos de colocar el desarrollo de las habilidades y de las capacidades exclusivamente humanas en un lugar central. La creatividad, la comprensión, la negociación, el cuestionamiento, las emociones, la intuición y la imaginación se volverán mucho más importantes que nunca —todo lo que no pueda ser digitalizado, automatizado o virtualizado se volverá extremadamente valioso—.

7. **Hemos de mantener una clara distinción entre lo que es real y lo que no es sino una copia o simulación.** La conectividad absoluta, las máquinas pensantes, la nube inteligente, y la computación cognitiva, forman parte de nuestro futuro inevitable y, no obstante, no deberíamos abandonar la distinción entre la simulación (de las máquinas) y el ser (del *Dasein*), entre el cálculo y la sensibilidad, entre la "maquineidad" y la humanidad. El hecho de sumergirnos en un mundo de simulaciones maravillosas podría ser muy útil para el aprendizaje, para el entretenimiento y para el trabajo, pero, ¿debería convertirse en el modo en que viviéramos en general?

¿Podrían estas tecnologías convertirse en una suerte de droga universal, que siempre ansiaríamos con tal de que nuestro mundo estuviera completo? ¿Necesitaríamos límites y regulaciones sobre cuánto se nos permitiría usarlas, y qué tan profundo podríamos adentrarnos en ellas? Si la tecnología no se refiere realmente a aquello que buscamos, sino a cómo lo buscamos, ¿necesitaríamos ayuda para seguir distinguiendo entre estos medios y su verdadero fin? La creación de relaciones con seres humanos debería seguir siendo más importante que generar relaciones con máquinas. Demos cabida a la tecnología, pero no nos convirtamos en ella.

8. **Hemos de empezar a preguntarnos "por qué" hacerlo, y "quién" lo haría, en lugar de sólo si es factible lograrlo o "cómo" hacerlo.** Las decisiones estratégicas sobre el desarrollo y uso futuros de la tecnología deberían centrarse en su sentido, en su contexto, en su significado y en su relevancia, en lugar de hacerlo simplemente en su factibilidad, en su costo, en su magnitud, en su rentabilidad, o en otras posibles contribuciones para el crecimiento. Las preguntas de "cómo" hacerlo deberían ser reemplazadas por las que apuntan a "por qué" hacerlo.

9. **No deberíamos permitir que Silicon Valley, los tecnólogos, los militares y los inversores se convirtieran en los controladores de la misión de la humanidad — independientemente de en qué país se encuentren—.** Es muy improbable que quienes financian, crean y venden tecnologías exponenciales, estén interesados en regular la potencia o la magnitud de sus posibles aplicaciones. Quienes construyan máquinas para la guerra no serán personas interesadas en la felicidad humana. Quienes inviertan en tecnologías disruptivas, con la finalidad de obtener cien veces más ganancias, no serán aquellos que inviertan en la construcción de un futuro de sociedades realmente humanas que busquen un beneficio colectivo. Quienes construyen estas herramientas tienen su propia

agenda, en gran medida marcada por la monetización y el poder. Por lo tanto, ¿dónde se encuentra la representación de los usuarios de dichas herramientas en el proceso de toma de decisiones?

Evaluando las tecnologías exponenciales: siete preguntas esenciales que hay que hacerse

Dado que gran parte de este libro trata sobre cómo la humanidad podría salir victoriosa de esta batalla inminente con las tecnologías exponenciales, a continuación presento siete preguntas que, a mi parecer, debemos preguntarnos al momento de evaluar las fuerzas del cambio radical. Me doy cuenta de que en muchos casos la respuesta correcta podría ser "ambos" o "depende". Sin embargo, considero que el simple hecho de detenernos para hacernos estas preguntas, nos permitirá comprender más claramente esta contraposición.

1. **Esta tecnología, ¿mermará a la humanidad, ya sea de manera inadvertida o consciente?** ¿Tendrá por finalidad reemplazar interacciones humanas importantes que no deberían ser mediadas por la tecnología? ¿Automatizará acaso algo único de los seres humanos, algo que realmente no debería ser automatizado? Esta tecnología, ¿nos libera de cargas innecesarias y que no son esenciales o, más bien, nos invita a deshacernos de lo que es realmente humano? ¿Se trata de un agujero de gusano o de un catalizador?

2. **Esta tecnología, ¿fomentará una verdadera felicidad humana?** ¿Nos llevará a estar más satisfechos con lo que ya tenemos, aproximándonos a la eudaimonía, permitiéndonos hacer contribuciones caracterizadas por una mayor conexión? ¿Irá más allá de simplemente proveernos placeres hedonistas, o sólo será una herramienta del hedonismo, que busque que la confundamos por una forma más profunda de felicidad?

3. **Esta tecnología, ¿podría tener efectos indeseados y potencialmente desastrosos?** ¿Nos roba nuestra autoridad, a nivel colectivo o, más bien, nos empodera? ¿Tendrá un impacto importante en los ecosistemas cruciales para tantas personas y, de hacerlo, incluye en su modelo de negocio la manera de abordar dichas externalidades?

4. **Esta tecnología, ¿se otorgará demasiada autoridad a sí misma, o bien, a otros algoritmos, bots y máquinas?** Al usarla ¿los usuarios estarían tentados de abdicar su propia autoridad? ¿Se nos empujaría a delegarle nuestro pensamiento? Esta tecnología, ¿estará ahí para servirnos, o acabará sirviéndose a sí misma, esto es, quitándonos valor en lugar de dárnoslo?

5. **Esta tecnología, ¿nos permitirá que la trascendamos, o nos hará dependientes de ella?** ¿Obligará a los seres humanos a tomar un papel subordinado, ya sea intencionalmente o por accidente? Esta tecnología, ¿excederá nuestras capacidades a tal grado que tendremos que seguir ciegamente su guía y sus decisiones?

6. **¿Necesitarán los seres humanos de transformaciones o aumentos materiales para realmente poder usar esta tecnología?** ¿Se trata de una tecnología que nos empuje a aumentar nuestros cuerpos y nuestros sentidos, o estará funcionando dentro de los confines existentes de quienes somos? ¿Nos obligará a actualizarnos o aumentarnos con tal de poder acceder a trabajos, educación o servicios sanitarios?

7. **Esta tecnología, ¿estará abiertamente disponible, o será exclusiva?** ¿Podremos jugar con ella, o estará guardada bajo candado? ¿Estará disponible para todos, o sólo para el 1% superior? ¿Aumentará la desigualdad, o la disminuirá? ¿Cómo podríamos conocer la cantidad de riqueza amasada por los principales proveedores, si la tecnología controlara nuestro acceso a la información?

¿Están en el Equipo Humano?

Escuché este gran meme por primera vez en voz de Douglas Rushkoff,[202] y de inmediato pensé que sería un excelente lema para nuestro viaje hacia el futuro.

Para mí, esto es lo que significa "estar en el Equipo Humano":

- Colocar por encima de todo nuestra prosperidad humana colectiva.
- Permitir que los androritmos, aquellas cosas propiamente humanas como la imaginación, la casualidad, los errores y las ineficiencias, sigan siendo importantes, incluso si no son deseables para la tecnología o incompatibles con ella.
- Luchar contra la propagación del pensamiento de las máquinas, esto es, no cambiar lo que nos importa y lo que necesitamos como seres humanos, por el hecho de que hacerlo favorecería a las tecnologías que nos rodean.
- No caer en la tentación de preferir la magia tecnológica, esto es, las grandes simulaciones de la realidad, por encima de nuestra propia realidad, así como no volvernos adictos a la tecnología.
- No preferir las relaciones con pantallas y máquinas por encima de las que podríamos tener con nuestros prójimos humanos.

Como dije al inicio, mi objetivo ha sido resaltar los desafíos actuales, dar pie al debate, y provocar una respuesta enérgica. ¿Qué harán para continuar esta conversación en sus organizaciones, en sus comunidades, en sus familias, en sus círculos de amigos?

En lo que a mí respecta, seguiré investigando qué significa pertenecer al Equipo Humano a través de mi labor continua como conferencista, asesor, escritor y cineasta. Por favor, únanse a la discusión en la página web de este libro, www.techvshuman.com, así como en el micrositio www.onteamhuman.com.

Agradecimientos

Este libro no hubiera sido posible sin el apoyo de todas estas grandes personas:

Mi querida esposa, **Angelica Feldmann**, quien soportó cariñosamente mi ausencia física y/o mental durante los últimos 18 meses, me dio una crítica tan necesaria y honesta, y siempre me apoyó.

Jean Francois Cardella, productor y director de arte, así como consejero creativo en general, y amigo mío.

François Mazoudier, por su retroalimentación honesta y por su amistad.

James McCabe, por su maravillosa labor como guionista y mayor trabajo de edición.

Rohit Talwar, **Steve Wells** y **April Koury** —el equipo de *Fast Future Publishing*— por su entusiasmo, por su enfoque editorial tan riguroso y pericial, así como por su disponibilidad para actuar a una velocidad exponencial para transformar el borrador del manuscrito en un producto terminado.

David Battino, por su labor de edición en desarrollo.

Maggie Langrick, por sus ediciones estructurales iniciales y por sus consejos en general.

El equipo de **Like.Digital** en Londres, por construir la página web www.techvshuman.com.

Benjamin Blust, mi *webmaster* y director técnico.

Sobre los hombros de gigantes

Este libro está inspirado en el trabajo de muchos visionarios —autores y escritores, conferencistas, pensadores, personalidades, líderes de los negocios y cineastas—. ¡Muchas gracias a todos ustedes!

Aquí está sólo la punta del iceberg:

James Barrat	Andrew Keen
Yochai Benkler	Kevin Kelly
Nick Bostrom	Ray Kurzweil
Richard Branson	Jaron Lanier
David Brin	Larry Lessig
Erik Brynjoffson	John Markoff
Nicholas Carr	Andrew McAfee
Noam Chomsky	Elon Musk
Paulo Coelho	Thomas Piketty
El Dalái Lama	Jeremy Rifkin
Peter Diamandis	Charlie Rose
Philp K. Dick	Douglas Rushkoff
Cory Doctorow	Clay Shirky
Dave Eggers	Tiffany Shlain
John Elkington	Edward Snowden
William Gibson	Don Tapscott
Daniel Kahneman	

Recursos

Pueden unirse a la discusión sobre *Tecnología versus humanidad* en las redes sociales, y consultar más contenidos en inglés a través de:

Actualizaciones constantes: www.techvshuman.com

Twitter: www.twitter.com/techvshuman

Más información sobre Gerd Leonhard y su obra:

Página web en inglés: www.futuristgerd.com

Página web en alemán: www.gerdleonhard.de

Compilación de lo mejor
de las presentaciones de 2017: gerd.io/2017bestofgerd

Videos de memes esenciales: www.humanity.digital

Twitter: www.twitter.com/gleonhard

LinkedIn: ch.linkedin.com/in/gleonhard

The Futures Agency: www.thefuturesagency.com

Suscripción al boletín informativo: www.gerd.digital

Contacto: books@thefuturesagency.com

Fast Future Publishing
Colaborador en la publicación y lanzamiento de la edición original.

Somos una nueva especie de editorial, fundada por tres futuristas —Rohit Talwar, Steve Wells, y April Koury—. Nuestro objetivo es reseñar el pensamiento de futuristas, investigadores prospectivos, y pensadores del futuro, consolidados o emergentes, de todo el mundo, a fin de que sus ideas sean accesibles para el mayor público posible en el menor tiempo posible.

Nuestra serie de libros *FutureScapes* (*Escapes al futuro*) está diseñada para atender una gama de temas de gran impacto para el futuro, y que consideramos relevantes para la mayor parte de los individuos, de los gobiernos, de los negocios y de la sociedad civil. *Tecnología versus humanidad* es el segundo libro de esta serie.

Nuestro primer libro, *El futuro de los negocios* (*The Future of Business*), presenta 60 capítulos muy ágiles, así como 566 páginas de pensamiento de vanguardia de 62 pensadores del futuro, de 21 países diferentes, en cuatro continentes. A las editoriales tradicionales les tomaría alrededor de dos años publicar un libro de semejante magnitud; no obstante, nosotros pasamos de la idea a la publicación en tan sólo 19 semanas.

También hemos creado un modelo de negocio innovador que elude la mayoría de las prácticas e ineficiencias tradicionales de las publicaciones, asumiendo en cambio un modo de pensar propio de la era exponencial, y aplicándolo para transformar el proceso editorial, la estrategia de distribución, y el modelo de reparto de beneficios.

Nuestro modelo de publicación garantiza que nuestros autores, los miembros del equipo principal, y los socios de cualquier libro compartan sus beneficios. Así mismo, una porción de los beneficios es destinada a un fondo de desarrollo para financiar causas relacionadas con el tema central. En el caso de *El futuro de los negocios*, estos fondos serán canalizados para cubrir becas de aquellos que deseen tomar cursos relativos a la investigación y a la práctica prospectivas. En cuanto a *Tecnología versus humanidad*, este fondo será destinado a las iniciativas que busquen promover el debate.

Esperamos que nuestra historia y nuestro abordaje de publicación sean un ejemplo inspirador sobre cómo los negocios están evolucionando y reinventándose en la era digital.

Durante los próximos años, *Fast Future Publishing* tiene la intención de publicar la obra de futuristas y pensadores del futuro penetrantes e inspiradores. Estamos muy interesados en recibir propuestas de autores potenciales y de aquellos interesados en compilar y editar libros de colaboración múltiple, como parte de la serie de *FutureScapes*.

Para realizar órdenes corporativas o al por mayor de *Tecnología versus humanidad*, o de *El futuro de los negocios*, así como para explorar oportunidades de colaboración, presentar alguna propuesta de libro, discutir el ensamblaje de proyectos de colaboración múltiple, o bien, para indagar sobre oportunidades permanentes o de pasantía, se nos puede contactar a través de info@fastfuturepublishing.com. Pueden conocer más sobre nosotros en www.fastfuturepublishing.com.

Referencias

[1] Moore y asociados. (s.f.). Recuperado el 3 de agosto, 2016, de http://www.mooreslaw.com/

[2] Loizos, C. (2015). Elon Musk Says Tesla Cars Will Reach 620 Miles On A Single Charge "Within A Year Or Two," Be Fully Autonomous In "Three Years". Recuperado el 1 de agosto, 2016, de https://techcrunch.com/2015/09/29/elon-musk-says-tesla-cars-will-reach-620-miles-on-a-single-charge-within-a-year-or-two-have-fully-autonomous-cars-in-three-years/

[3] BMW i8 Review After 3 Months Behind The Wheel. (s.f.). Recuperado el 1 de agosto, 2016, de http://insideevs.com/bmw-i8-review-3-months-behind-wheel/

[4] Covert, J. (2016). *Tesla Stations in NYC on Verge of Outnumbering Gas Stations.* Recuperado el 29 de junio, 2016, de http://nypost.com/2016/03/17/tesla-stations-in-nyc-on-verge-of-outnumbering-gas-stations

[5] Hayden, E. (2014). *Technology: The $1,000 Genome.* Recuperado el 29 de junio, 2016, de http://www.nature.com/news/technology-the-1-000-genome-1.14901

[6] Raj, A. (2014). *Soon, It Will Cost Less to Sequence a Genome Than to Flush a Toilet — and That Will Change Medicine Forever.* Recuperado el 29 de junio, 2016, de http://www.businessinsider.com/super-cheap-genome-sequencing-by-2020-2014-10

[7] Vinge, V. (1993). *Vernor Vinge on the Singularity.* Recuperado el 29 de junio, 2016, de http://mindstalk.net/vinge/vinge-sing.html

[8] Webb, R. (2013). *The Economics of Star Trek.* Recuperado el 29 de junio, 2016, de https://medium.com/@RickWebb/the-economics-of-star-trek-29bab88d50

[9] *10 Nikola Tesla Quotes That Still Apply Today.* (s.f.). Recuperado el 3 de agosto, 2016, de http://www.lifehack.org/305348/10-nikola-tesla-quotes-that-still-apply-today

[10] Metz, C. (2015). *Soon, Gmail's AI Could Reply to Your Email for You.* Recuperado el 29 de junio, 2016, de http://www.wired.com/2015/11/google-is-using-ai-to-create-automatic-replies-in-gmail

[11] *Surrogates*. (2016). Wikipedia. Recuperado el 29 de junio, 2016, de https://en.wikipedia.org/wiki/Surrogates

[12] AMC Network Entertainment. (2016). *HUMANS*. Recuperado el 29 de junio, 2016, de http://www.amc.com/shows/humans

[13] S, L. (2015). *The Economist explains: The End of Moore's Law*. Recuperado el 29 de junio, 2016, de http://www.economist.com/blogs/economist-explains/2015/04/economist-explains-17

[14] Booth, B. (2016, 31/05). Riding the Gene Editing Wave: Reflections on CRISPR/Cas9's Impressive Trajectory. [Weblog]. Recuperado el 2 de julio, 2016, de http://www.forbes.com/sites/brucebooth/2016/05/31/riding-the-gene-editing-wave-reflections-on-crisprs-impressive-trajectory

[15] Bostrom, N. (2014). *Superintelligence: Paths, Dangers, Strategies*. : Oxford University Press.

[16] Urban, T. (2015, 22 enero). The Artificial Intelligence Revolution: Part 1. [Weblog]. Recuperado el 2 de julio, 2016, de http://waitbutwhy.com/2015/01/artificial-intelligence-revolution-1.html

[17] Yudkowsky, E. (c2016). *Quote by Eliezer Yudkowsky: "By far the greatest danger of Artificial Intell"*. Recuperado el 13 de julio, 2016, de https://www.goodreads.com/quotes/1228197-by-far-the-greatest-danger-of-artificial-intelligence-is-that

[18] Diamandis, P. (2015, 26 enero). Ray Kurzweil's Mind-Boggling Predictions for the Next 25 Years. [Weblog]. Recuperado el 2 de julio, 2016, de http://singularityhub.com/2015/01/26/ray-kurzweils-mind-boggling-predictions-for-the-next-25-years

[19] Matyszczyk, C. (2015, 01 octubre). Google Exec: With Robots in Our Brains, We'll Be Godlike. [Weblog]. Recuperado el 2 de julio, 2016, de http://www.cnet.com/news/google-exec-with-robots-in-our-brains-well-be-godlike

[20] Hemingway, E. (1996). *The Sun Also Rises*. New York: Scribner.

[21] Diamandis, P. (c2016). Peter Diamandis. Recuperado el 2 de julio, 2016, de http://diamandis.com/human-longevity-inc

[22] Istvan, Z. (2013). *The Transhumanist Wager*. : Futurity Imagine Media.

[23] Bailey, J. (2014, julio). Enframing the Flesh: Heidegger, Transhumanism, and the Body as "Standing Reserve". [Weblog]. Recuperado el 3 de julio, 2016, de http://jetpress.org/v24/bailey.htm

[24] Brainmetrix. (c2016). *IQ Definition*. Recuperado el 3 de julio, 2016, de http://www.brainmetrix.com/iq-definition

25 *Maslow's Hierarchy of Needs*. (2016). Wikipedia. Recuperado el 3 de julio, 2016, de https://en.wikipedia.org/wiki/Maslow's_hierarchy_of_needs

26 Gibney, E. (2016, 27 enero). Google AI Algorithm Masters Ancient Game of Go. [Weblog]. Recuperado el 3 de julio, 2016, de http://www.nature.com/news/google-ai-algorithm-masters-ancient-game-of-go-1.19234

27 Istvan, Z. (2014, 04 agosto). Artificial Wombs Are Coming, but the Controversy Is Already Here. [Weblog]. Recuperado el 3 de julio, 2016, de https://motherboard.vice.com/en_us/article/8qx8kk/artificial-wombs-are-coming-and-the-controversys-already-here

28 Izquotes. (c2016). *Iz Quotes*. Recuperado el 3 de julio, 2016, de http://izquotes.com/quote/70915

29 McMullan, T. (2015, 23 julio). What Does the Panopticon Mean in the Age of Digital Surveillance?. [Weblog]. Recuperado el 3 de julio, 2016, de https://www.theguardian.com/technology/2015/jul/23/panopticon-digital-surveillance-jeremy-bentham

30 *J Robert Oppenheimer*. (2016). Wikipedia. Recuperado el 3 de julio, 2016, de https://en.wikipedia.org/wiki/J._Robert_Oppenheimer

31 Barrat, J. (2013). *Our Final Invention: Artificial Intelligence and the End of the Human Era*. NY: Thomas Dunne Books/St Martin's Press.

32 *Techne*. (2016). Wikipedia. Recuperado el 3 de julio, 2016, de https://en.wikipedia.org/wiki/Techne

33 Kuskis, A. (2013, 01 abril). "We Shape Our Tools and Thereafter Our Tools Shape Us". [Weblog]. Recuperado el 3 de julio, 2016, de https://mcluhangalaxy.wordpress.com/2013/04/01/we-shape-our-tools-and-thereafter-our-tools-shape-us

34 Bailey, J. (2014, julio). Enframing the Flesh: Heidegger, Transhumanism, and the Body as "Standing Reserve". [Weblog]. Recuperado el 3 julio, 2016, de http://jetpress.org/v24/bailey.htm

35 Walton, A. (2015, 08 abril). New Study Links Facebook to Depression: But Now We Actually Understand Why. [Weblog]. Recuperado el 3 de julio, 2016, de http://www.forbes.com/sites/alicegwalton/2015/04/08/new-study-links-facebook-to-depression-but-now-we-actually-understand-why

36 *Being and Time*. (2016). Wikipedia. Recuperado el 3 julio, 2016, de https://en.wikipedia.org/wiki/Being_and_Time

37 Gray, R. (2016, 12 febrero). Would You MARRY a Robot?. [Weblog]. Recuperado el 3 de julio, 2016, de http://www.dailymail.co.uk/sciencetech/article-3366228/Would-MARRY-robot-Artificial-intelligence-allow-people-lasting-love-machines-expert-claims.html

[38] Santa Maria, C. (2016, 10 febrero). Inside the Factory Where the World's Most Realistic Sex Robots Are Being Built. [Weblog]. Recuperado el 3 de julio, 2016, de http://fusion.net/story/281661/real-future-episode-6-sex-bots

[39] Watercutter, A. (2016, 21 enero). The VR Company Helping Filmmakers Put You Inside Movies. [Weblog]. Recuperado el 3 de julio, 2016, de http://www.wired.com/2016/01/sundance-volumetric-vr-8i

[40] McLuhan, M. (1994). *Understanding Media: The Extensions of Man*. USA: MIT Press.

[41] Burton-Hill, C. (2016, 16 febrero). The Superhero of Artificial Intelligence: Can This Genius Keep It in Check?. [Weblog]. Recuperado el 3 de julio, 2016, de https://www.theguardian.com/technology/2016/feb/16/demis-hassabis-artificial-intelligence-deepmind-alphago

[42] Lanier, J. (2010). *You Are Not a Gadget*. : Alfred A Knopf.

[43] *Transhumanism*. (2016). Wikipedia. Recuperado el 3 de julio, 2016, de https://en.wikipedia.org/wiki/Transhumanism

[44] Brand, S. (1968). *Whole Earth Catalog*. Recuperado el 3 de julio, 2016, de http://www.wholeearth.com/issue/1010/article/195/we.are.as.gods

[45] *Descartes: An Intellectual Biography*. (s.f.). Recuperado el 3 de agosto, 2016, de https://books.google.at/books?id=QVwDs_Ikad0C

[46] Leonard, G & Kusek, D. (2005). *The Future of Music: Manifesto for the Digital Music Revolution*. : Berklee Press.

[47] Murphy, K. (2007, 03 junio). Life for a Man on the Run. [Weblog]. Recuperado el 3 de julio, 2016, de http://articles.latimes.com/2007/jun/03/entertainment/ca-mccartney3

[48] Leonhard, G. (2010). *Friction Is Fiction: the Future of Content, Media and Business*. : Lulu.

[49] Morozov, E. (2016, 30 enero). Cheap Cab Ride? You Must Have Missed Uber's True Cost. [Weblog]. Recuperado el 3 de julio, 2016, de http://www.theguardian.com/commentisfree/2016/jan/31/cheap-cab-ride-uber-true-cost-google-wealth-taxation

[50] Andreessen, M. (2011, 20 agosto). Why Software Is Eating The World. [Weblog]. Recuperado el 3 de julio, 2016, de https://www.wsj.com/articles/SB10001424053111903480904576512250915629460

[51] Gartner. (2013, 12 noviembre). Gartner Says by 2017 Your Smartphone Will Be Smarter Than You. [Weblog]. Recuperado el 11 de julio, 2016, de http://www.gartner.com/newsroom/id/2621915

52 Dick, P. (c2016). *Quote by Philip K Dick: "There will come a time when it isn't 'They're s"*. Recuperado el 3 de julio, 2016, de http://www.goodreads.com/quotes/42173-there-will-come-a-time-when-it-isn-t-they-re-spying

53 Cisco. (2016). *Cisco Visual Networking Index Predicts Near-Tripling of IP Traffic by 2020*. Recuperado el 3 de julio, 2016, de http://investor.cisco.com/investor-relations/news-and-events/news/news-details/2016/Cisco-Visual-Networking-Index-Predicts-Near-Tripling-of-IP-Traffic-by-2020/default.aspx

54 Khedekar, N. (2014). *Tech2*. Recuperado el 3 de julio, 2016, de http://tech.firstpost.com/news-analysis/now-upload-share-1-8-billion-photos-everyday-meeker-report-224688.html

55 Deloitte. (c2016). *Predictions 2016: Photo Sharing: Trillions and Rising.* Recuperado el 3 de julio, 2016, de https://www2.deloitte.com/global/en/pages/technology-media-and-telecommunications/articles/tmt-pred16-telecomm-photo-sharing-trillions-and-rising.html

56 Scanadu. (2016). *Scanadu | Home*. Recuperado el 3 de julio, 2016, de https://www.scanadu.com

57 Eggers, D. (2013). *The Circle*. : Knopf.

58 Leonhard, G. (2015, 21 abril). What Are These "Unicorn" Companies You Speak Of?. [Weblog]. Recuperado el 3 de julio, 2016, de http://thefuturesagency.com/2015/04/21/unicorn-companies-what-are-they-and-why-are-they-important

59 Foroohar, R. (2016, 15 junio). How the Gig Economy Could Save Capitalism. [Weblog]. Recuperado el 3 de julio, 2016, from http://time.com/4370834/sharing-economy-gig-capitalism

60 Gunawardene, N. (2003). *Sir Arthur C Clarke*. Recuperado el 3 de julio, 2016, de http://www.arthurcclarke.net/?interview=12 https://www.clarkefoundation.org/

61 McMillan, R. (2015, 25 febrero). Google's AI Is Now Smart Enough to Play Atari Like the Pros. [Weblog]. Recuperado el 7 de julio, 2016, de http://www.wired.com/2015/02/google-ai-plays-atari-like-pros

62 Metz, C. (2016, 27 enero). In Major AI Breakthrough, Google System Secretly Beats Top Player at the Ancient Game of Go. [Weblog]. Recuperado el 7 de julio, 2016, de http://www.wired.com/2016/01/in-a-huge-breakthrough-googles-ai-beats-a-top-player-at-the-game-of-go

63 Swearingen, J. (2016, 7 marzo). Why Deep Blue Beating Garry Kasparov Wasn't the Beginning of the End of the Human Race. [Weblog]. Recuperado el 7 de julio, 2016, de http://www.popularmechanics.com/technology/apps/a19790/what-deep-blue-beating-garry-kasparov-reveals-about-todays-artificial-intelligence-panic

64 Schwartz, K. (c2013). *FCW*. Recuperado el 3 de julio, 2016, de https://fcw.com/microsites/2011/cloud-computing-download/financial-benefits-of-cloud-computing-to-federal-agencies.aspx

65 Gillis, T. (2016, 02 febrero). The Future of Security: Isolation. [Weblog]. Recuperado el 3 de julio, 2016, de http://www.forbes.com/sites/tomgillis/2016/02/02/the-future-of-security-isolation

66 Duffy, S. (2014, 17 abril). What If Doctors Could Finally Prescribe Behavior Change? [Weblog]. Recuperado el 3 de julio, 2016, de http://www.forbes.com/sites/sciencebiz/2014/04/17/what-if-doctors-could-finally-prescribe-behavior-change

67 Pande, V. (2015). *When Software Eats Bio*. Recuperado el 3 de julio, 2016, de http://a16z.com/2015/11/18/bio-fund

68 Google. (2016). *Now Cards — the Google app*. Recuperado el 3 de julio, 2016, de https://www.google.com/search/about/learn-more/now

69 *Minority Report (film)*. (2016). Wikipedia. Recuperado el 3 de julio, 2016, de https://en.wikipedia.org/wiki/Minority_Report_(film)

70 The Economist. (2016, 23 junio). Print My Ride. [Weblog]. Recuperado el 3 de julio, 2016, de http://www.economist.com/news/business/21701182-mass-market-carmaker-starts-customising-vehicles-individually-print-my-ride

71 Bloy, M. (2005). *The Luddites 1811-1816*. Recuperado el 10 de julio, 2016, de http://www.victorianweb.org/history/riots/luddites.html

72 *Technological Unemployment*. (2016). Wikipedia. Recuperado el 15 de julio, 2016, de https://en.wikipedia.org/wiki/Technological_unemployment

73 *Focus on Inequality and Growth* (Rep.). (2014). Recuperado el 1 de febrero, 2016, de OECD website: https://www.oecd.org/social/Focus-Inequality-and-Growth-2014.pdf

74 Rotman, D. (2013, 12 junio). How Technology Is Destroying Jobs. Retrieved August 1, 2016, from https://www.technologyreview.com/s/515926/how-technology-is-destroying-jobs/

75 US Bureau of Labor Statistics. (2016). *Labor Productivity and Costs Home Page (LPC)*. Recuperado el 10 de julio, 2016, de http://www.bls.gov/lpc

[76] Bernstein, A. (2015). The Great Decoupling: An Interview with Erik Brynjolfsson and Andrew McAfee. Recuperado el 3 de agosto, 2016, de https://hbr.org/2015/06/the-great-decoupling

[77] Peck, E. (2016, 19 enero). The 62 Richest People on Earth Now Hold as Much Wealth as the Poorest 35 Billion. [Weblog]. Recuperado el 15 de julio, 2016, de https://www.huffingtonpost.com/entry/global-wealth-inequality_us_56991defe4b0ce4964242e09

[78] Oxford Martin School. (2013). *The Future of Employment: How Susceptible Are Jobs to Computerisation?*. Recuperado el 10 de julio, 2016, de http://www.oxfordmartin.ox.ac.uk/publications/view/1314

[79] Metz, C. (2016, 27 enero). In Major AI Breakthrough, Google System Secretly Beats Top Player at the Ancient Game of Go. [Weblog]. Recuperado el 10 de julio, 2016, de http://www.wired.com/2016/01/in-a-huge-breakthrough-googles-ai-beats-a-top-player-at-the-game-of-go

[80] Armstrong, S. (2014). *Smarter Than Us: The Rise of Machine Intelligence*. : Machine Intelligence Research Institute.

[81] Social Security Administration. (2010). *The Development of Social Security in America*. Recuperado el 10 de julio, 2016, de https://www.ssa.gov/policy/docs/ssb/v70n3/v70n3p1.html

[82] The New Atlantis. (c2016). *Stephen L Talbott — The New Atlantis*. Recuperado el 10 de julio, 2016, de http://www.thenewatlantis.com/authors/stephen-talbott

[83] Leonhard, G. (2015, 22 noviembre). Is Hello Barbie Every Parent's Worst Nightmare? Great Debate. [Weblog]. Recuperado el 10 de julio, 2016, de http://www.futuristgerd.com/2015/11/22/is-hello-barbie-every-parents-worst-nightmare-great-debate

[84] Google. (2016). *Google News*. Recuperado el 10 de julio, 2016, de https://news.google.com

[85] Hern, A. (2016, 13 mayo). Facebook's News Saga Reminds Us Humans Are Biased by Design. [Weblog]. Recuperado el 15 de julio, 2016, de https://www.theguardian.com/technology/2016/may/13/newsfeed-saga-unmasks-the-human-face-of-facebook

[86] Baidu. (2016). 百度新闻搜索——全球最大的中文新闻平台. Recuperado el 15 de julio, 2016, de http://news.baidu.com

[87] LaFrance, A. (2015, 29 abril). Facebook Is Eating the Internet. [Weblog]. Recuperado el 10 de julio, 2016, de http://www.theatlantic.com/technology/archive/2015/04/facebook-is-eating-the-internet/391766

[88] Warren, C. (2015, 30 junio). Apple Music First Look: It's All About Curation, Curation, Curation. [Weblog]. Recuperado el 15 de julio, 2016, de http://mashable.com/2015/06/30/apple-music-hands-on

[89] Brockman, J. (2014, 03 febrero). The Technium: A Conversation with Kevin Kelly. [Weblog]. Recuperado el 10 de julio, 2016, de https://www.edge.org/conversation/kevin_kelly-the-technium

[90] Quote Investigator. (2011). *Computers Are Useless They Can Only Give You Answers*. Recuperado el 10 de julio, 2016, de https://quoteinvestigator.com/2011/11/05/computers-useless/

[91] Kelly, K. (2010). *What Technology Wants*. : Viking.

[92] DeSouza, C. (2015). *Maya*. : Penguin India.

[93] Kahneman, D. (2011). *Thinking, Fast and Slow*. : Macmillan.

[94] Turkle, S. (c2016). *Sherry Turkle Quotes*. Recuperado el 10 de julio, 2016, de https://www.goodreads.com/author/quotes/153503.Sherry_Turkle

[95] Barrat, J. (2013). *Our Final Invention: Artificial Intelligence and the End of the Human Era*. New York: Thomas Dunne Books/St Martin's Press.

[96] The definition of automate. (s.f.). Recuperado el 3 de agosto, 2016, de http://www.dictionary.com/browse/automate

[97] Wells, H. G. (2005). *The Time Machine*. London, England: Penguin Books.

[98] Schneier, B. (2016, 04 febrero). The Internet of Things Will Be the World's Biggest Robot. [Weblog]. Recuperado el 11 de julio, 2016, de https://www.schneier.com/blog/archives/2016/02/the_internet_of_1.html

[99] Ellen MacArthur Foundation. (c2015). *Circular Economy — UK, Europe, Asia, South America & USA*. Recuperado el 11 de julio, 2016, de https://www.ellenmacarthurfoundation.org/circular-economy

[100] Sophocles. (c2016). *Quote by Sophocles: "Nothing vast enters the life of mortals without"*. Recuperado el 11 de julio, 2016, de http://www.goodreads.com/quotes/1020409-nothing-vast-enters-the-life-of-mortals-without-a-curse

[101] Leonhard, G. (2015). *Automation, Machine Thinking and Unintended Consequences*. Recuperado el 3 de julio, 2016, de https://youtu.be/Gq8_xPjlssQ

[102] Asilomar Conference on Recombinant DNA. (s.f.). Recuperado el 3 de agosto, 2016, de https://en.wikipedia.org/wiki/Asilomar_Conference_on_Recombinant_DNA

[103] Internet Live Stats. (2016). *Number of Internet Users (2016)*. Recuperado el 11 de julio, 2016, de http://www.internetlivestats.com/internet-users

[104] Clarke, A. (1964). *Profiles of the Future*: Bantam Books.

[105] Libelium. (2016). *Libelium — Connecting Sensors to the Cloud*. Recuperado el 7 de julio, 2016, de http://www.libelium.com

[106] Gonzales, A. (s.f.). *The Effects of Social Media Use on Mental and Physical Health* (Rep.). Recuperado el 1 de abril, 2016, de Robert Wood Johnson Foundation website: http://www.med.upenn.edu/chbr/documents/ AmyGonzales-PublicHealthandSocialMediaTalk.pdf

[107] De Querol, R. (2016, 25 enero). Zygmunt Bauman: "Social Media Are a Trap". [Weblog]. Recuperado el 7 de julio, 2016, de http://elpais.com/elpais/ 2016/01/19/inenglish/1453208692_424660.html

[108] Long, D. (c2016). *Albert Einstein and the Atomic Bomb*. Recuperado el 7 de julio, 2016, de http://www.doug-long.com/einstein.htm

[109] Long, D. (c2016). *Albert Einstein and the Atomic Bomb*. Recuperado el 7 de julio, 2016, de http://www.doug-long.com/einstein.htm

[110] Clark, R. (2001). *Einstein: The Life and Times*: Avon.

[111] Einstein, A. (c2016). *Quote by Albert Einstein: "The human spirit must prevail over technology"*. Recuperado el 7 de julio, 2016, de http:// www.goodreads.com/quotes/44156-the-human-spirit-must-prevail-over- technology

[112] Barrat, J. (2013). *Our Final Invention: Artificial Intelligence and the End of the Human Era*. New York: Thomas Dunne Books/St Martin's Press.

[113] Kurzweil, R. (c2016). *The Singularity is Near » Homepage*. Recuperado el 7 de julio, 2016, de http://singularity.com

[114] Quote Investigator. (2015). *With Great Power Comes Great Responsibility*. Recuperado el 7 de julio, 2016, de http://quoteinvestigator.com/2015/07/23/ great-power

[115] Rushkoff, D. (2013). *Present Shock: When Everything Happens Now*: Current.

[116] McLuhan, M. (c2016). *Quote by Marshall McLuhan: "First we build the tools, then they build us"*. Recuperado el 7 de julio, 2016, de http:// www.goodreads.com/quotes/484955-first-we-build-the-tools-then-they-build- us

[117] Tokmetzis, D. (2015, 23 febrero). Here's Why You Shouldn't Put Your Baby Photos Online. [Weblog]. Recuperado el 7 de julio, 2016, de https://medium.com/matter/beware-your-baby-s-face-is-online-and-on-sale-d33ae8cdaa9d

[118] Hu, E. (2013, 5 agosto). The Hackable Japanese Toilet Comes with an App to Track Poop. [Weblog]. Recuperado el 7 de julio, 2016, de http://www.npr.org/sections/alltechconsidered/2013/08/05/209208453/the-hackable-japanese-toilet-comes-with-an-app-to-track-poop

[119] Jones, B. (2015, 14 febrero). Is Cortana a Dangerous Step Towards Artificial Intelligence? [Weblog]. Recuperado el 7 de julio, 2016, de http://www.digitaltrends.com/computing/fear-cortana

[120] *Precobs*. (2016). Wikipedia. Recuperado el 7 de julio, 2016, de https://en.wikipedia.org/wiki/Precobs

[121] Gartner. (2013, 12 noviembre). Gartner Says by 2017 Your Smartphone Will Be Smarter Than You. [Weblog]. Recuperado el 11 de julio, 2016, de http://www.gartner.com/newsroom/id/2621915

[122] Rushkoff, D. (2013). *Present Shock: When Everything Happens Now*: Current.

[123] NPR. (2013, 25 marzo). In a World That's Always on, We Are Trapped in the "Present". [Weblog]. Recuperado el 7 de julio, 2016, de http://www.npr.org/2013/03/25/175056313/in-a-world-thats-always-on-we-are-trapped-in-the-present

[124] x.ai. (2016). *An AI Personal Assistant Who Schedules Meetings for You*. Recuperado el 10 de julio, 2016, de https://x.ai

[125] Green, C. (2015, 02 septiembre). The World of Digital Assistants — Why Everyday AI Apps Will Make up the IoT. [Weblog]. Recuperado el 10 de julio, 2016, de http://www.information-age.com/industry/software/123460089/world-digital-assistants-why-everyday-ai-apps-will-make-iot

[126] Sorrel, C. (2016, 13 enero). Stop Being A Loner, It'll Kill You. [Weblog]. Recuperado el 10 de julio, 2016, de http://www.fastcoexist.com/3055386/stop-being-a-loner-itll-kill-you

[127] *Digital globalization: The new era of global flows*. (2016, febrero). Recuperado el 3 de agosto, 2016, de http://www.mckinsey.com/business-functions/digital-mckinsey/our-insights/digital-globalization-the-new-era-of-global-flows

[128] Microsoft. (2016). *Microsoft HoloLens*. Recuperado el 10 de julio, 2016, de https://www.microsoft.com/microsoft-hololens

129 Brien, D. (c2016). *Computers, the Internet, and the Abdication of Consciousness — an Interview with Stephen Talbott*. Recuperado el 10 de julio, 2016, de http://natureinstitute.org/txt/st/jung.htm

130 McKinsey & Company. (2010). *Why Governments Must Lead the Fight Against Obesity*. Recuperado el 11 de julio, 2016, de https://www.chefmarshallobrien.com/wp-content/uploads/2011/08/mckinsey-q-10-2010-why-gov-must-lead-the-fight-against-obesity.pdf

131 Centers for Disease Control and Prevention. (2015). *Adult Obesity Facts*. Recuperado el 11 de julio, 2016, de http://www.cdc.gov/obesity/data/adult.html

132 HAPI.com. (c2016). *Enjoy Your Food with HAPIfork*. Recuperado el 11 de julio, 2016, de http://www.hapi.com/products-hapifork.asp

133 University of Rhode Island. (1997). *Food Additives*. Recuperado el 11 de julio, 2016, de http://web.uri.edu/foodsafety/food-additives

134 Leonhard, G. (2014, 25 febrero). How Tech Is Creating Data "Cravability," to Make Us Digitally Obese. [Weblog]. Recuperado el 11 de julio, 2016, de http://www.fastcoexist.com/3026862/how-tech-is-creating-data-cravability-to-make-us-digitally-obese

135 Rodale, M. (2013, 19 noviembre). Food Addiction Is Real. [Weblog]. Recuperado el 11 de julio, 2016, de http://www.huffingtonpost.com/maria-rodale/food-addiction-is-real_b_3950373.html

136 *List of Largest Internet Companies*. (2016). Wikipedia. Recuperado el 15 de julio, 2016, de https://en.wikipedia.org/wiki/List_of_largest_Internet_companies

137 Transparency Market Research. (2015). Food Additives Market by Type (Flavors and Enhancers, Sweeteners, Enzymes, Colorants, Emulsifiers, Food Preservatives, Fat Replacers) and by Source (Natural and Artificial) — Global Industry Analysis, Size, Share, Growth, Trends, and Forecast 2015–2021. Recuperado el 11 de julio, 2016, de http://www.transparencymarketresearch.com/food-additives.html

138 World Economic Forum. (c2016). *Digital Transformation of Industries*. Recuperado el 11 de julio, 2016, de http://reports.weforum.org/digital-transformation-of-industries/finding-the-true-north-of-value-to-industry-and-society

139 Cornish, D. (2016, 12 April). Korea's Internet Addicts. [Weblog]. Recuperado el 11 de julio, 2016, de http://www.sbs.com.au/news/dateline/story/koreas-internet-addicts

140 Taleb, N. (c2016). *Quote by Nassim Nicholas Taleb: "The difference between technology and slavery"*. Recuperado el 11 de julio, 2016, de https://www.goodreads.com/quotes/610828-the-difference-between-technology-and-slavery-is-that-slaves-are

141 Grothaus, J. (2014, 22 enero). How Infinite Information Will Warp and Change Human Relationships. [Weblog]. Recuperado el 11 de julio, 2016, de http://www.fastcolabs.com/3025299/how-infinite-information-will-warp-and-change-human-relationships

142 Vanian, J. (2016). More Smartwatches Were Shipped Worldwide Than Swiss Watches. Recuperado el 3 de agosto, 2016, de http://fortune.com/2016/02/19/more-smartwatches-shipped-worldwide-swiss-watches/

143 Katz, L. (2013, 08 mayo). TweetPee: Huggies Sends a Tweet When Baby's Wet. [Weblog]. Recuperado el 11 de julio, 2016, de http://www.cnet.com/news/tweetpee-huggies-sends-a-tweet-when-babys-wet

144 Internet Live Stats. (2016). *Twitter Usage Statistics*. Recuperado el 11 de julio, 2016, de http://www.internetlivestats.com/twitter-statistics

145 Brouwer, B. (2015, 26 julio). YouTube Now Gets over 400 Hours of Content Uploaded Every Minute. [Weblog]. Recuperado el 11 de julio, 2016, de http://www.tubefilter.com/2015/07/26/youtube-400-hours-content-every-minute

146 Thornhill, T. (2012, 02 marzo). Google Privacy Policy: "Search Giant Will Know More About You Than Your Partner". [Weblog]. Recuperado el 11 de julio, 2016, de http://www.dailymail.co.uk/sciencetech/article-2091508/Google-privacy-policy-Search-giant-know-partner.html

147 Carr, N. (2011). *The Shallows: What the Internet Is Doing to Our Brains*: W W Norton.

148 Carr, N. (2011). *The Shallows: What the Internet Is Doing to Our Brains*: W W Norton.

149 Leonhard, G. (2010, 04 febrero). Attention Is the New Currency (and Data Is the New Oil). [Weblog]. Recuperado el 11 de julio, 2016, de http://www.futuristgerd.com/2010/02/04/attention-is-the-new-currency-and-data-is-the-new-oil

150 Goodson, S. (2012, 05 marzo). If You're Not Paying for It, You Become the Product. [Weblog]. Recuperado el 15 de julio, 2016, de http://www.forbes.com/sites/marketshare/2012/03/05/if-youre-not-paying-for-it-you-become-the-product

151 Cisco. (c2016). *VNI Complete Forecast*. Recuperado el 11 de julio, 2016 (actualización 2017), de https://www.cisco.com/c/en/us/solutions/service-provider/visual-networking-index-vni/vni-infographic.html

[152] Leonhard, G. (2013, 27 junio). The Coming Data Wars, the Rise of Digital Totalitarianism and Why Internet Users Need to Take a Stand — NOW. [Weblog]. Recuperado el 11 de julio, 2016, de http://www.futuristgerd.com/2013/06/27/the-coming-data-wars-the-threat-of-digital-totalitarism-and-why-internet-users-need-to-take-a-stand-now

[153] Quote Investigator. (2011, 13 mayo). Everything Should Be Made as Simple as Possible, But Not Simpler. [Weblog]. Recuperado el 11 de julio, 2016, de http://quoteinvestigator.com/2011/05/13/einstein-simple

[154] Asilomar Conference on Recombinant DNA. (s.f.). Recuperado el 3 de agosto, 2016, de https://en.wikipedia.org/wiki/Asilomar_Conference_on_Recombinant_DNA

[155] Overbye, D. (2008). Asking a Judge to Save the World, and Maybe a Whole Lot More. Recuperado el 3 de agosto, 2016, de http://www.nytimes.com/2008/03/29/science/29collider.html

[156] Campus Compact. (c2015). *Wingspread Declaration on the Civic Responsibilities of Research Universities*. Recuperado el 10 de julio, 2016, de http://compact.org/wingspread-declaration-on-the-civic-responsibilities-of-research-universities

[157] United Nations Environment Programme. (c2003). *Rio Declaration on Environment and Development.* Recuperado el 11 de julio, 2016, de https://www.un.org/documents/ga/conf151/aconf15126-1annex1.htm

[158] *Proactionary Principle*. (2016). Wikipedia. Recuperado el 10 de julio, 2016, de https://en.wikipedia.org/wiki/Proactionary_principle

[159] Fuller, S. (2013). *The Proactionary Imperative — Warwick University*. Recuperado el 10 de julio, 2016, de https://www.youtube.com/watch?v=A6J8y6K178c

[160] Barrat, J. (2013). *Our Final Invention: Artificial Intelligence and the End of the Human Era*. New York: Thomas Dunne Books/St Martin's Press.

[161] More, M. (2005). *The Proactionary Principle*. Recuperado el 10 de julio, 2016, de http://www.maxmore.com/proactionary.html

[162] *Happiness*. (2016). Wikipedia. Recuperado el 3 de julio, 2016, de https://en.wikipedia.org/wiki/Happiness

[163] *Eudaimonia*. (2016). Wikipedia. Recuperado el 3 de julio, 2016, de https://en.wikipedia.org/wiki/Eudaimonia

[164] *Gross National Happiness*. (2016). Wikipedia. Recuperado el 3 de julio, 2016, de https://en.wikipedia.org/wiki/Gross_National_Happiness

165 *Genuine Progress Indicator*. (2016). Wikipedia. Recuperado el 3 de julio, 2016, de https://en.wikipedia.org/wiki/Genuine_progress_indicator

166 JFKLibrary.org. (1968). *Robert F Kennedy Speeches — Remarks at the University of Kansas, March 18, 1968*. Recuperado el 3 de julio, 2016, de http://www.jfklibrary.org/Research/Research-Aids/Ready-Reference/RFK-Speeches/Remarks-of-Robert-F-Kennedy-at-the-University-of-Kansas-March-18-1968.aspx

167 Seligman, M. (2012). *Flourish*: Atria Books.

168 Seligman, M. (2012). *Flourish*: Atria Books.

169 Lama, D. (2016). *An Appeal by the Dalai Lama to the World: Ethics Are More Important Than Religion*: Benevento.

170 Barrat, J. (2013). *Our Final Invention: Artificial Intelligence and the End of the Human Era*. New York: Thomas Dunne Books/St Martin's Press.

171 Weissmann, J. (2015, 14 abril). This Study on Happiness Convinced a CEO to Pay All of His Employees at Least $70,000 a Year. [Weblog]. Recuperado el 15 de julio, 2016, de http://www.slate.com/blogs/moneybox/2015/04/14/money_and_happiness_when_does_an_extra_dollar_stop_making_us_more_content.html

172 Hamblin, J. (2014, 7 octubre). Buy Experiences, Not Things. [Weblog]. Recuperado el 15 de julio, 2016, de http://www.theatlantic.com/business/archive/2014/10/buy-experiences/381132

173 Leu, J. (2015, 24 abril). One Word Could Hold the Key to Health and Happiness. [Weblog]. Recuperado el 3 de julio, 2016, de http://www.huffingtonpost.com/hopelab/one-word-holds-the-key-to_b_7070638.html

174 *J Robert Oppenheimer*. (2016). Wikipedia. Recuperado el 3 de julio, 2016, de https://en.wikipedia.org/wiki/J._Robert_Oppenheimer

175 Diamandis, P. (2015, 21 junio). Data Mining Your Body. Recuperado el 3 de julio, 2016, de https://www.linkedin.com/pulse/data-mining-your-body-peter-diamandis

176 Kurzweil, R. (c2016). *Quote by Ray Kurzweil: "Death is a great tragedy...a profound loss...I don'"*. Recuperado el 3 de julio, 2016, de http://www.goodreads.com/quotes/410498-death-is-a-great-tragedy-a-profound-loss-i-don-t-accept-it-i

177 Paz, O. (1973). *Alternating Current*: Arcade Publishing.

178 Rushkoff, D. (2011). *Program or Be Programmed: Ten Commands for a Digital Age*: Soft Skull Press.

179 Piore, A. (2015, 17 September). What Technology Can't Change About Happiness. [Weblog]. Recuperado el 3 de julio, 2016, de http://nautil.us/issue/28/2050/what-technology-cant-change-about-happiness

180 Frankl, V. (1964). *Man's Search for Meaning*: Better Yourself Books.

181 Dashevsky, E. (2015, 6 febrero). Our Exciting, Weird, and Scary Future: Q&A With Peter Diamandis. [Weblog]. Recuperado el 3 de julio, 2016, de http://www.pcmag.com/article2/0,2817,2476315,00.asp

182 Maxmen, A. (2015, agosto). Easy DNA Editing Will Remake the World Buckle Up. [Weblog]. Recuperado el 3 de julio, 2016, de http://www.wired.com/2015/07/crispr-dna-editing-2

183 Parsons, J. (2016, 6 enero). Sex Robots Could Be "Biggest Trend of 2016" as More Lonely Humans Seek Mechanical Companions. [Weblog]. Recuperado el 3 de julio, 2016, de http://www.mirror.co.uk/news/world-news/sex-robots-could-biggest-trend-7127554

184 Knapton, S. (2014, 29 mayo). Watching Pornography Damages Men's Brains. [Weblog]. Recuperado el 15 de julio, 2016, de http://www.telegraph.co.uk/science/2016/03/14/watching-pornography-damages-mens-brains

185 AMC Network Entertainment. (2016). *HUMANS*. Recuperado el 29 de junio, 2016, de http://www.amc.com/shows/humans

186 After Moore's law | Technology Quarterly. (2016). Recuperado el 3 de agosto, 2016, de http://www.economist.com/technology-quarterly/2016-03-12/after-moores-law

187 Dictionary.com. (c2016). *Ethos*. Recuperado el 13 de julio, 2016, de http://www.dictionary.com/browse/ethos

188 Brien, S. (c2016). *Computers, the Internet, and the Abdication of Conscious- ness — an Interview with Stephen Talbott*. Recuperado el 13 de julio, 2016, de http://natureinstitute.org/txt/st/jung.htm

189 *Ethics*. (2016). Wikipedia. Recuperado el 13 de julio, 2016, de https://en.wikipedia.org/wiki/Ethics

190 *Machine Ethics*. (2016). Wikipedia. Recuperado el 13 de julio, 2016, de https://en.wikipedia.org/wiki/Machine_ethics

191 CB Insights. (2016, 20 junio). Artificial Intelligence Explodes: New Deal Activity Record for AI Startups. [Weblog]. Recuperado el 15 de julio, 2016, de https://www.cbinsights.com/blog/artificial-intelligence-funding-trends

[192] Metz, C. (2016, 27 enero). In Major AI Breakthrough, Google System Secretly Beats Top Player at the Ancient Game of Go. [Weblog]. Recuperado el 10 de julio, 2016, de http://www.wired.com/2016/01/in-a-huge-breakthrough-googles-ai-beats-a-top-player-at-the-game-of-go

[193] Waldrop, M. (1987, Spring). A Question of Responsibility. [Weblog]. Recuperado el 13 de julio, 2016, de http://www.aaai.org/ojs/index.php/aimagazine/article/view/572

[194] Dvorsky, G. (2013, 07 febrero). Dalai Lama Says We Need a "Global System of Secular Ethics". [Weblog]. Recuperado el 13 de julio, 2016, de http://io9.gizmodo.com/5982499/dalai-lama-says-we-need-a-global-system-of-secular-ethics

[195] Cherry, M. (1999). *God, Science, and Delusion: A Chat With Arthur C Clarke.* Recuperado el 13 de julio, 2016, de ~~http://www.arthurcclarke.net/?interview=4~~ https://www.clarkefoundation.org/

[196] *United Nations Special Rapporteur.* (2016). Wikipedia. Recuperado el 13 de julio, 2016, de https://en.wikipedia.org/wiki/United_Nations_Special_Rapporteur

[197] Markoff, J. (2015, agosto). The Transhuman Condition. [Weblog]. Recuperado el 13 de julio, 2016, de https://harpers.org/archive/2015/08/the-transhuman-condition

[198] Burton-Hill, C. (2016, 16 febrero). The Superhero of Artificial Intelligence: Can This Genius Keep It in Check? [Weblog]. Recuperado el 13 de julio, 2016, de https://www.theguardian.com/technology/2016/feb/16/demis-hassabis-artificial-intelligence-deepmind-alphago

[199] Pietrangelo, A. (2015, 17 noviembre). Cesarean Rates Are Finally Starting to Drop in the United States. [Weblog]. Recuperado el 13 de julio, 2016, de http://www.healthline.com/health-news/cesarean-rates-are-finally-starting-to-drop-in-the-united-states-111715

[200] *Terminator Genisys* [Película]. (2015). S. l.: Paramount Pictures.

[201] Josefsson, D. (c1995). *An Interview with William Gibson (by Dan Josefsson).* Recuperado el 3 de julio, 2016, de http://josefsson.net/gibson

[202] Rushkoff, D. (c2016). *Douglas Rushkoff : Official Site.* Recuperado el 13 de julio, 2016, de http://www.rushkoff.com

¿De qué lado están?
Un nuevo y provocativo manifiesto de Gerd Leonhard

El futurista Leonhard vuelve a abrir nuevos caminos, reuniendo la urgencia humana de actualizar y automatizarlo todo —incluso la propia biología humana— con nuestra eterna búsqueda de libertad y felicidad.

Antes de que sea demasiado tarde, hemos de detenernos y hacernos las grandes preguntas: ¿Cómo podemos acoger la tecnología sin convertirnos en ella? Cuando esto ocurra —gradualmente, luego súbitamente— la era de las máquinas creará el mayor hito de la vida humana sobre la Tierra. Tecnología versus humanidad representa uno de los últimos mapas morales que tendremos conforme la humanidad se adentra en el Parque Jurásico de las grandes compañías tecnológicas.

Inteligencia artificial. Informática cognitiva. La singularidad. Obesidad digital. Alimentos impresos. El Internet de las cosas. La desaparición de la privacidad. El fin del trabajo como hasta ahora lo conocemos, una longevidad radical: el choque inminente entre la tecnología y la humanidad se avecina. ¿Qué valores morales estaríamos dispuestos a defender, antes de que lo que significa ser humano cambie para siempre?

Gerd Leonhard es una nueva especie de futurista, conocedor tanto de las humanidades como de la tecnología. Éste es hasta ahora su libro más provocador, en el que explora los cambios exponenciales que abruman nuestras sociedades, al tiempo que ofrece ricas reflexiones y una profunda sabiduría para los líderes de los negocios, para los profesionales, así como para todo aquel que tenga decisiones que tomar en esta nueva era.

Si dan por sentado el hecho de ser humanos, es momento de pulsar Reiniciar a través de esta llamada argumentada y llena de pasión, para crear un nuevo mundo genuinamente más valiente.

www.techvshuman.com
www.futuristgerd.com

Milton Keynes UK
Ingram Content Group UK Ltd.
UKHW040817051024
449151UK00004B/298

9 783906 219035